创客系列丛书之实践篇

# 图形化编程



## 教学案例设计与实践

主　编■邱　明　李　行　黄廷磊
副主编■邓　欢　廖　彬　黄梅媚　余秋宁　王娅娟

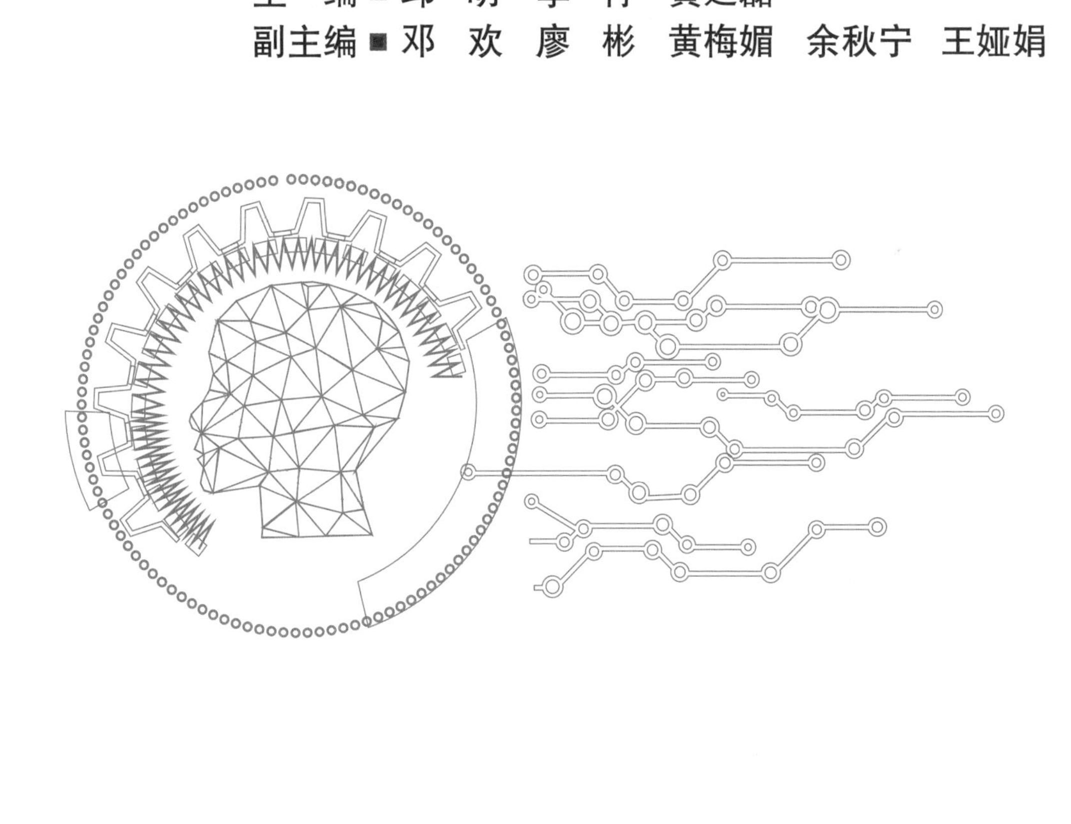

西南交通大学出版社
·成　都·

图书在版编目（CIP）数据

图形化编程教学案例设计与实践 / 邱明，李行，黄廷磊主编. -- 成都：西南交通大学出版社，2024.6.

ISBN 978-7-5643-9857-6

Ⅰ. TP311.1

中国国家版本馆 CIP 数据核字第 2024U4V835 号

Tuxinghua Biancheng Jiaoxue Anli Sheji yu Shijian

**图形化编程教学案例设计与实践**

主　编 / 邱　明　李　行　黄廷磊

责任编辑 / 穆　丰

封面设计 / 原谋书装

西南交通大学出版社出版发行

（四川省成都市金牛区二环路北一段 111 号西南交通大学创新大厦 21 楼　610031）

营销部电话：028-87600564　　028-87600533

网址：http://www.xnjdcbs.com

印刷：四川煤田地质制图印务有限责任公司

成品尺寸　185 mm × 260 mm

印张　9.25　　字数　166 千

版次　2024 年 6 月第 1 版　　印次　2024 年 6 月第 1 次

书号　ISBN 978-7-5643-9857-6

定价　45.00 元

课件咨询电话：028-81435775

编委会

亲爱的读者：

很荣幸向您介绍并推荐这本书。本书是由南宁师范大学八桂学者创新团队（原广西教育学院八桂学者创新团队）、南宁师范大学、广西职业师范学院、广西人工智能学会智慧教育领域分会、南宁市金川路小学和融安电教馆等高校、中小学以及行业多方共同合作的成果。在此，我们向所有参与本书创作与合作的人员表示衷心的感谢。

当今世界正处于数字化时代，计算机编程已成为现代乃至未来的重要技能之一。为了帮助孩子们在未来的竞争中脱颖而出，我们必须培养他们在 AI（人工智能）时代必备的核心素养：逻辑思维、问题解决、创新能力以及合作精神。而少儿编程正是培养这些能力的有效途径。

本书旨在为从事图形化编程教学的教师、研究者以及对少儿编程感兴趣的人士提供指南，帮助他们设计富有启发性和趣味性的编程教学和实践案例，并在实践中引导年轻学习者探索计算机图形化编程的奇妙世界。

全书共分为 4 篇，主要内容如下：

第一篇为少儿编程与计算思维，揭示了图形化编程发展的必然需求，并探讨了图形化编程教学的发展以及它与计算思维的关系。这一篇主要对少儿编程背景和重要概念进行全面讲解，为后续篇章的学习和实践打下坚实基础。

第二篇为编程基础案例，带领孩子们逐步学习编程的基础知识和技能。通过趣味编程案例《猫追老鼠》《孙悟空七十二变》和《图形房子》等，掌握不同编程概念及其应用，包括动作、造型、声音、画笔、事件、控制、克隆、变量、侦测、运算和列表。这些案例既激发了孩子们的学习兴趣，又培养了他们的逻辑思维和解决问题的能力。

第三篇为应用综合案例，将进行更综合性的编程应用。通过案例《加法交换律》《控制电梯》《飞机大战》和《水果切切切》等，学习如何将编程技能应用于实际场景中，解决更复杂的问题。这些案例提供了实践机会，让孩子们在创造中学习，培养他们的创新思维和团队合作精神。

第四篇为人工智能应用案例，将人工智能与图形化编程相结合。通过趣味案例《智能垃圾分类系统》，了解如何应用人工智能技术解决实际问题，并体验人工智能的魅力。这一篇将激发孩子们对最前沿科技的兴趣，培养他们的创造性思维和解决复杂问题的能力。

本书案例丰富实用，并尝试将少儿编程与创客教育实践相结合。通过阅读本书，教育工作者和家长可以在指导孩子们学习编程的同时，培养他们的创造力、逻辑思维和解决问题的能力。我们期待您与孩子共同踏上编程之旅，共同探索创客教育和少儿编程的奇妙世界。

另外，少儿编程作为更新迭代频繁的领域，教育行业中新的理论与实践不断涌现，本书无法涵盖少儿编程领域所有最新的研究成果。同时我们深知由于自身知识与经验的不足，尽管在编写过程中倾注了心血，也难免存在局限。恳请大家批评指正，您的意见和建议将对本书的完善具有重要意义。

最后，我们希望本书能够成为您的良师益友，为您提供有价值的指导和启发，帮助您在少儿编程教育领域开展富有成效的工作。同时，我们要再次对参与本书创作的参与者表示诚挚的感谢，本书的案例都来自这些高校、中小学的教师们多年从事一线编程教学的积累和教学成果，正是他们的无私付出与支持，才让本书能够顺利出版。

编　者

2024 年 3 月

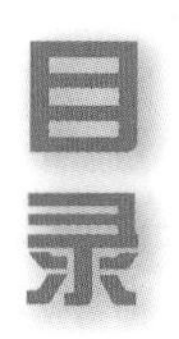

# 目录

第一篇　少儿编程与计算思维……1

第二篇　编程基础案例……6

任务一　初始——《认识源码编辑器》……7

任务二　动作——趣味编程《猫追老鼠》……11

任务三　造型——趣味编程《孙悟空七十二变》……16

任务四　声音——趣味编程《演唱会》……20

任务五　画笔——趣味编程《图形房子》……24

任务六　事件——趣味编程《要回家的编程猫》……30

任务七　控制——趣味编程《小鸟捕捉害虫》……37

任务八　克隆——趣味编程《躲杯侠》……41

任务九　变量——趣味编程《捕鱼达人》……44

任务十　侦测——趣味编程《惊险赛车》……49

任务十一　运算——趣味编程《编程猫计算》……56

任务十二　列表——趣味编程《商城购物》……60

第三篇　应用综合案例 65
任务十三　趣味编程《加法交换律》 66
任务十四　趣味编程《控制电梯》 70
任务十五　趣味编程《飞机大战》 75
任务十六　趣味编程《水果切切切》 91
任务十七　趣味编程《验证码》 101
任务十八　趣味编程《算一算，猜一猜》 106
任务十九　趣味编程《猜数字》 114
第四篇　人工智能应用案例 124
任务二十　趣味编程《智能垃圾分类系统》 125
参考文献 140

# 第一篇

# 少儿编程与计算思维

本书教学案例的主要学习对象是3至15岁的少年儿童，这个阶段编程教育主要使用基于视觉图形的编程工具，包括在线编程学习平台和开源硬件平台。孩子们可以通过学习视觉图形编程为学习代码编程和机器人编程打下基础，同时也通过学习编程来串联各学科之间的知识，提升逻辑思维能力。

图形化编程起源于以美国MIT（麻省理工学院）媒体实验室科研人员为首的一批科学家对于少儿编程的教育理念与实践。MIT媒体实验室的西蒙·派珀特（Seymour Papert）教授发明了第一款儿童编程语言，即Logo语言。Logo编程工具结合了建构主义学习理论和认知发展阶段论的观点，但又在某种程度上突破了这一理论。派珀特教授并没有将儿童认知发展阶段进行严格划分，也不限制或强调儿童在某一个阶段能做什么和不能做什么。比如为适应儿童认知和思维发展规律，Logo编程语言特意规避了坐标轴的概念，采用前进、后退、左转、右转等适合低龄小学生理解的方向指令，避免了超前知识带给孩子的认知负荷。之后版本的Logo编程语言，采用“绘图”的方式来学习编程，儿童只需要对图形块进行拖动和拼接即可完成编程。图形化编程以图形块代替各种编程概念，MIT媒体实验室的科学家们认为这是一种儿童编程的可行途径。该思想如今在我国少儿编程教育中得到了极大发展及广泛应用，不同于传统文本编程的方式，少儿在编程学习中只需要对图形块进行拖动和拼接即可完成编程。这种编程方式非常直观简单，不需要学生掌握过多的编程文本、语法及计算机英语词汇，只需以选择、拖拽、组合及嵌入代码块的方式，就能完成对游戏、动画等作品的制作和创作，并能直接监测编程进度及检测编程效果。

## 一、图形化编程是人工智能时代发展的必然

2017年7月，国务院颁布了《新一代人工智能发展规划》，提到人工智能的迅速发展将深刻改变人类社会生活、改变世界。为抢抓人工智能发展的重大战略机遇，构筑我国人工智能发展的先发优势，加快建设创新型国家和世界科技强国，把高端人才队伍建设作为人工智能发展的重中之重，坚持培养和引进相结合，完善人工智能教育体系，加强人才储备和梯队建设，特别是加快引进全球顶尖人才和青年人才，形成我国人工智能人才高地。实施全民智能教育项目，在中小学阶段设置人工智能相关课程，逐步推广编程教育，鼓励社会力量参与寓教于乐的编程教学软件、游戏的开发和推广。建设和完善人工智能科普基础设施，充分发挥各类人工智能创新基地平台等的科普作用，鼓励人工智能企业、科研机构搭建开源平台，面向公众开放人工智能研发平台、生产设施或展馆等。

2018年4月，教育部印发《教育信息化2.0行动计划》，要求完善编程课

程内容，以适应智能时代的发展需要。2019 年，教育部在《2019 年教育信息化和网络安全工作要点》中做出规定：推动在中小学阶段设置人工智能相关课程，逐步推广编程教育。2022 年 3 月，教育部印发《义务教育信息科技课程标准（2022 年版）》，将信息技术改名为信息科技，旨在培养科学精神和科技伦理，提升数字素养与技能。以立德树人作为立脚点，以素养为导向，追求育人价值，培养学生对未来的适应力、胜任力和创造力。

这些政策文件无一不体现出培养少儿计算思维的重要性。编程技能作为智能时代的重要技能之一，其特征具备趣味性、综合性、实践性和人文性的特点，对培养学生的计算思维具有不可忽视的作用。小学编程教育主要以图形化编程为主要教学实践工具，相比传统的文本代码编程，图形化编程以生动、直观的积木式搭建完成程序的编写。在可视化编程理念下，基础教育阶段的编程培养目标重点在于提升学生的信息素养，促进思维和能力的发展。然而，在具体教学实践中发现存在的主要问题是学生掌握了编程技术，也完成了创客活动，但解决问题的能力并没有得到有效提升，知识与技能运用也未得到有效迁移，学生的创新能力并未显著提升。这是由于教师在图形化编程教学时，并没有给学生创意生成思维过程提供合适的教学设计支持，学生思维提升受到限制，教师应重点帮助学生获得思维活动的认知加工路径，使学生能够高质量地进行思考并设计作品。

## 二、图形化编程教学的发展

通过对相关平台的研究数据进行分析，可以了解国内主流图形化编程工具的不同特点：ArduBlock 作为国内首个图形化编程软件，须依附于 Arduino 软件运行，它采用图形化积木搭建的方式编程，区别于 Arduino 文本式编程环境，其编程的可视化和交互性加强，编程门槛降低；Mixly（米思齐）是由北师大傅骞教授团队开发的图形化编程软件，支持大部分 Arduino 硬件，能够满足创客教育中创意电子课程需求；编程猫是中国深圳点猫科技有限公司于 2016 年自主研发的图形化编程平台，包含多种学习工具，内部素材与积木指令丰富，支持作品分享，能够满足学习者不同需求。

通过对图形化编程研究的论文进行梳理，我们发现国内主要将图形化编程软件应用于教学实践、教学模式、课程资源开发、跨学科融合这四大方面。

在教学实践方面，我国教育研究者进行了将图形化编程应用于教学并展开相关教学实践的研究。通过在小学信息技术课堂中引入图形化编程课程，通过定期开展教学后发现，图形化编程课有助于学生心智发展，有助于学生逻辑思维及问题解决能力的培养。然而，在教学实践中还需注意案例选择、教学流程等问题，这些教学实践经验可为后续相关研究提供有益帮助。

在教学模式方面，近几年作为热点的创客教育、STEAM 教育、4C 教育模式在教学中得以广泛运用，并基于这些模式提出了针对性的优化策略，使其更符合我国的教育现状。

在课程资源开发方面，国内目前图形化编程教材相对较少，大部分都是学生自学型的编程案例或校本教材，而统一编写的适合各年龄段学生学习的图形化编程教材更是稀缺。

在跨学科融合方面，图形化编程的应用面正在不断拓宽，能够更综合地培养学生的多方面能力，因此越来越受到重视。不但与编程联系较紧密的数学、科学、物理等课程的案例被不断开发，而且在语文、英语、艺术类课程上也涌现出很多精彩案例。

经过对国内图形化编程的相关研究的综合分析，我们发现近年来国内关于图形化编程教学的成果日趋丰富与完善，研究范畴也从教学理论研究逐步转向教学实践研究。这些研究中，普遍认可了图形化编程的教学模式，强调情境或问题驱动、联想分析、自主探究、交流分享、个性化学习等要素，倡导学生为主体，教师为主导的“双主”课堂，主张学生通过自主学习获取知识、习得经验、锻炼思维、提升素质。此外，在图形化编程对学习者的素养影响的研究中，普遍对计算思维的关注度更高。

Scratch 问世初期，大量图形化编程研究与教育均以此作为工具对象，而对于国内开发的图形化编程平台（如编程猫等）在图形化编程教学中的应用，则缺乏深入的研究与推广。同时，Scratch 存在积木不够精简、不能生成 APP（应用程序）、难以将图形化编程语言转化为代码等不足之处，不能很好地满足学生多样化的学习需求。相比之下，编程猫积木相对精简，整体符合国内学习者的认知发展规律。因此本书采用国内点猫科技有限公司自主研发的编程猫作为图形化编程工具，基于建构主义学习理论、任务驱动等设计图形化编程学习活动教学模式并展开学习活动实践研究，希望对促进中小学生综合能力发展，开展图形化编程教学研究具有一定的意义与实践价值。

### 三、图形化编程与计算思维

编程教育的核心目标之一就是培养学生的计算思维，这是信息技术学科核心素养的根基。编程教育的目的是培养孩子们的高阶思维能力，即计算思维能力。目前，人工智能技术被广泛应用于各领域，计算思维和编程能力已成为这个数字化时代每个人都应具备的能力之一。只有拥有这种能力，学习者才能灵活运用算法，通过抽象、分解、建模等来解决各种问题。计算思维是应用计算机来促进人们转化问题、分析问题、解决问题的思维活动，学习者可以通过它来解决生活中遇到的实际问题，并形成一套自己的问题解决方案。《义务教育信息科技课程标准（2022年版）》，描述了中小学阶段计算思维的内涵与外延，计算思维是指个体运用计算机科学领域的思想方法，在问题解决过程中涉及的抽象、分解、建模、算法设计等思维活动。该标准强调具备计算思维的重要性，能对问题进行抽象、分解、建模，并通过设计算法形成解决方案；能尝试模拟、仿真、验证解决问题的过程，反思、优化解决问题的方案，并将其迁移运用于解决其他问题。图形化编程课程已成为学生学习编程、锻炼创新思维的载体。利用图形化编程工具能够降低学生的认知负荷，从而使学生更关注问题解决本身，更有助于提升学生的计算思维能力，有益于学生完成较为复杂的项目作品。

本书的后续篇章的编程案例就是围绕如何提升中小学生的计算思维而专门设计的教学案例，分为基础案例篇、应用升级案例篇及综合应用案例篇，读者可以根据自身的编程水平及兴趣爱好进行选择学习。

# 第二篇

# 编程基础案例

# 任务一　初始——《认识源码编辑器》

## 一、教学分析

### （一）任务分析

本任务主要学习源码编辑器的基本使用方法，旨在让学生熟悉源码编辑器的界面，掌握源码编辑器的基本功能，通过小组探究合作学习和任务驱动来完成对源码编辑器的认知。本任务建议教学学时为 2 课时。

### （二）学情分析

学生已掌握计算机的基本操作，能熟练使用鼠标、键盘等硬件设备以及常用计算机软件。

### （三）教学目标

（1）认识源码编辑器的工作界面，熟悉工作界面中菜单栏、舞台区、角色区、积木库、脚本区以及属性栏 6 大区域的功能。

（2）通过添加角色、编辑角色、添加与删除积木块、运行程序以及保存文件等操作，掌握源码编辑器的基本使用方法。

（3）在学习源码编辑器的过程中，激发求知欲，培养探究能力以及编程的兴趣。

## 二、教学过程

### （一）激发兴趣、导入新课

问题提出：同学们想自己制作喜欢的动画或者游戏吗?

例子展示：展示用源码编辑器制作的动画实例以及游戏实例。

启发思考：指出要制作动画及游戏需要用到相应的编程软件，引出教学内容“源码编辑器”。

### （二）教师引导，使用软件

#### 子任务一：认识源码编辑器

教师介绍源码编辑器的软件图标以及下载方法并布置任务：自行启动源码编辑器，观察并说出源码编辑器的工作界面有哪些功能区。源码编辑器界面如图 1-1 所示。

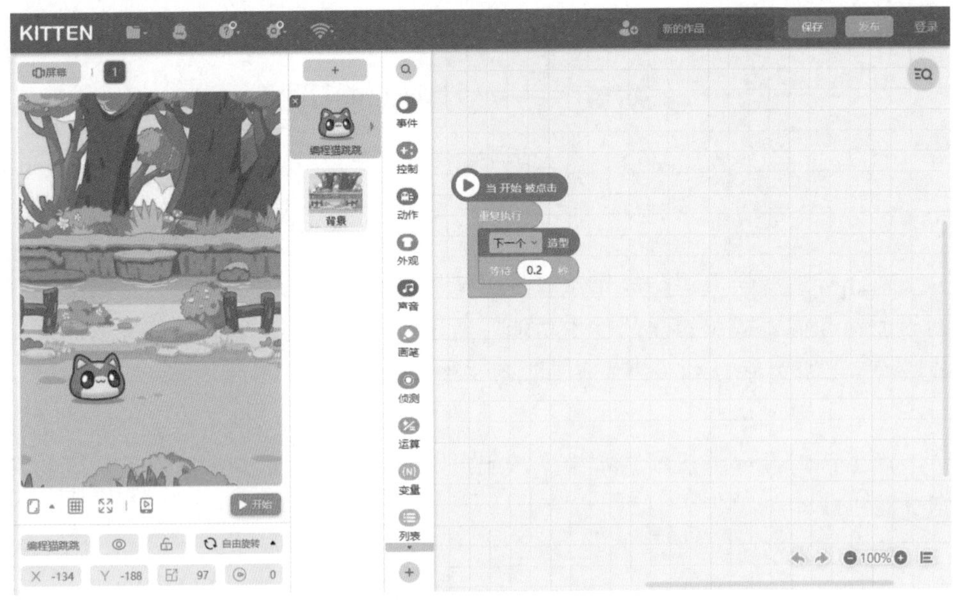


图 1–1 源码编辑器界面

## 子任务二：熟悉源码编辑器功能区

（1）教师布置任务：小组合作，寻找软件的保存按钮，对当前的程序文件进行“另存为”的操作。当同学们完成任务后，教师进行说明：“保存”按钮所在的区域即为菜单栏，如图 1–2 所示。在菜单栏中还有文件、工具、设置等功能，实现文件导入、文件保存、界面设置等操作。

图 1–2 菜单栏界面

（2）教师讲解最左边的区域——舞台区，如图 1–3 所示。舞台区是角色进行移动、造型变化、对话的显示区域。舞台区左下角的“开始”按钮是程序的触发开关，单击后，程序开始运行，再次单击可停止程序运行。如果运行程序时，舞台区较小，可以点击变大按钮后，再运行程序，运行完成后点击缩小即可。

图 1–3 舞台区

（3）教师讲解屏幕中间靠近舞台区的区域——角色区，如图 1–4 所示。角色区包含源码编辑器中所有事物，称之为角色。每个角色的图标都会在此处显示。

图 1–4　角色区

（4）教师布置任务：小组合作，在角色区中导入新的角色。学生自行尝试并总结在角色区中选择素材、导入角色的方法：点击角色区的顶端“+”号，即可弹出导入新角色的四种途径，分别为“挑素材”“自己画”“随机一个”以及“电脑上传”。点击“挑素材”打开素材库，可以看见素材库里有“角色”“背景”“声音”，如图 1–5 所示。选择角色后，点击右下角“确认添加”，角色就出现在舞台。

图 1–5　素材库

（5）教师讲解源码编辑器工作界面中间一列，包含事件、控制、动作、外观、声音等不同分类，该区域为积木库功能区。积木库功能区中每一个分类称为积木模块，每一个积木模块中都有一系列不同颜色的源码积木，而每一块源码积木都是一条编程指令，如图 1–6 所示。

图 1–6　积木库功能区

（6）教师讲解源码编辑器工作界面右侧——脚本区，该区是创作的核心区域，如图 1–7 所示。

图 1–7　脚本区

在此可进行脚本积木的编写，例如可以选择一块源码积木并拖动到脚本区，也可以把积木块拉至积木库区域进行删除。教师演示脚本积木的编写以及积木块的删除。

（7）教师布置任务：给任意角色添加积木块，然后删除积木块。学生自行完成操作，学会积木块的添加和删除。

（8）教师讲解舞台区下部区域——属性栏，该区域显示角色的坐标、大小、方向等，如图 1–8 所示。

图 1–8　属性栏

教师演示用鼠标拖动舞台中的角色，让学生观察角色坐标的变化情况。

（9）教师布置任务：通过属性栏，设置角色大小、旋转角度、显示以及隐藏。学生自行完成任务，熟悉并掌握属性栏的功能。

子任务三：掌握源码编辑器基本操作

小组合作探究，完成文件创建、保存，素材添加、导入，角色大小、旋转设置，积木块的添加、删除等基本操作；通过给角色添加不同积木块，点击积木块后观察角色产生的变化，初步认识源码编辑器各个积木模块的基本功能。

### 三、课堂小结

学生展示对源码编辑器功能界面操作的熟练程度，总结源码编辑器主要功能区的作用。教师引导学生回顾本节课的重点：熟悉源码编辑器的工作界面，掌握源码编辑器主要功能区的作用和基本操作。源码编辑器的熟练使用，是编写成功的游戏或者动画的基础。

## 任务二　动作——趣味编程《猫追老鼠》

### 一、教学分析

#### （一）任务分析

本编程任务是在学习源码编辑器的界面、基础功能模块的基础上学习动作积木模块的内容，旨在让学生理解并掌握移动、面向、反弹等动作积木模块下源码积木（以下简称动作积木）的使用方法。为了激发学生兴趣，以其喜闻乐见的动画“猫追老鼠”作为教学案例。通过制作案例，使学生们认识动作积木，学会用动作积木实现角色的位移、反弹、面向指定方向等动作，并尝试编写动作积木代码达到对角色的控制。本任务建议教学学时为 2 课时。

（二）学情分析

学生对源码编辑器的界面、基础功能模块有一定的认识和掌握，能初步理解程序的编写逻辑。该任务通过任务驱动、小组合作探究来完成《猫追老鼠》案例作品的制作，可激发学生的学习热情，提高互助合作能力。

（三）教学目标

（1）认识动作积木模块下的积木，了解动作积木的用法。学会使用动作积木：移到（×××）、面向（×××）、移动（×××）步、碰到边缘就反弹、设置旋转模式为（×××）。

（2）在实现《猫追老鼠》案例的过程中，学会使用积木模块进行编程，体验编程乐趣。

## 二、教学过程

（一）激发兴趣，导入新课

问题提出：同学们都看过动画片《猫和老鼠》吗？今天我们用源码编辑器制作一个猫追老鼠的小游戏。

启发思考：要在源码编辑器中实现猫追老鼠小游戏，关键点是实现猫追、鼠逃，即猫和鼠两个角色必须能够动起来，这需要用到一个新的积木模块，即“外观积木模块”。

（二）教师引导，编写程序

子任务一：复习添加角色及舞台设计的知识，
添加蔬菜地背景、猫、老鼠

（1）教师布置任务：自行添加背景和角色完成舞台布置，如图 2–1 所示。

图 2–1　舞台布置

（2）学生尝试当小老师进行操作演示，添加背景、角色。

### 子任务二：认识动作积木，了解动作积木的用法

（1）教师提出问题：动作积木模块在哪里？是什么颜色？有什么作用？学生尝试自行操作并说出动作积木的颜色、位置和基本用法。动作积木模块如图2–2所示。

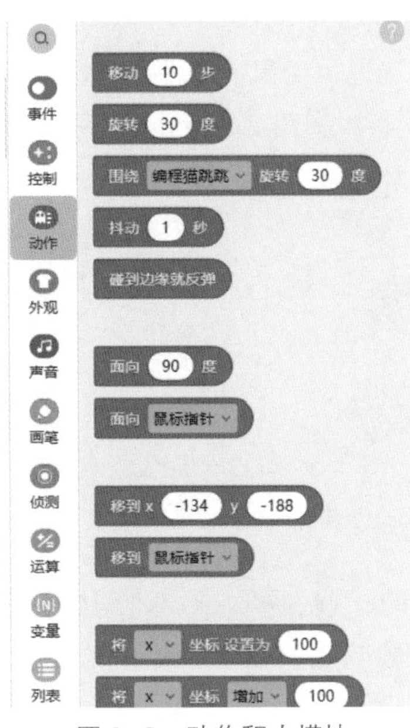


图 2–2　动作积木模块

（2）教师举例并演示动作积木的作用和基本用法。

移动（×××）步 移动 10 步：使角色移动指定步数，在编写程序时可以修改参数。本例中，在对应角色中添加该积木并点击，角色将往右移动 10 步的距离。

移到（×××）移到 鼠标指针：使角色移动到指定对象，点击下拉列表，用于指定对象。在对应角色中添加该积木并点击，设置为角色将移动到鼠标指针处。

### 子任务三：体验移动效果，使猫和老鼠动起来

（1）教师提出问题：如何让猫和老鼠动起来，并让猫追上老鼠？尝试用动作积木编写程序让猫和老鼠动起来。

（2）学生进行小组讨论，并分享让猫和老鼠动起来的动作积木。

① 让猫和老鼠动起来。教师展示程序代码，如图2–3所示，单击“运行”按钮，猫和老鼠会往右移动 10 步。单击移动积木上的“10”，将“10”改成“100”，角色就会移动 100 步。

图 2-3　角色移动程序代码

② 改变移动步数，让猫追上老鼠，并用重复执行积木使猫和老鼠一直移动。教师展示程序代码，如图 2-4 和图 2-5 所示。只要老鼠的移动步数小于猫的移动步数就可以让猫追上老鼠。

图 2-4　老鼠连续移动程序代码

图 2-5　猫连续移动程序代码

### 子任务四：优化游戏效果，让老鼠能任意移动

为了进一步增强游戏趣味性，在老鼠能“动”的基础上，实现其在舞台中任意移动。

（1）引导学生实现让老鼠跟随鼠标移动。

用“移到鼠标指针”积木控制老鼠移动，用重复执行积木使老鼠一直跟随鼠标移动。单击“运行”按钮，当鼠标在舞台上移动时，老鼠会跟随鼠标移动到不同位置，程序代码如图 2-6 所示。

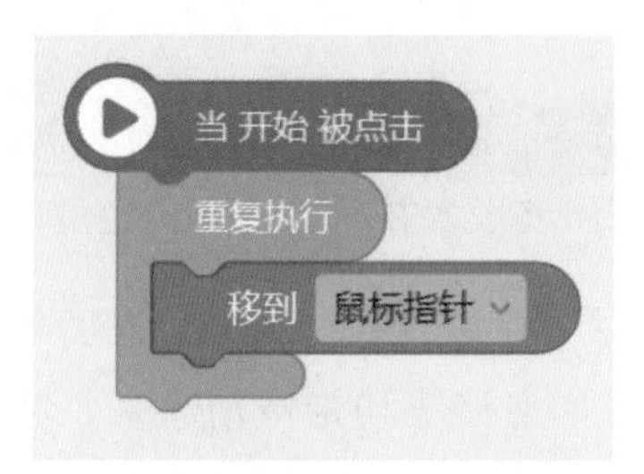

图 2-6　跟随鼠标移动程序代码

（2）教师提出问题：当鼠标移出舞台边缘，老鼠也会跟随走出舞台边缘，如何解决该问题？引导学生设置老鼠碰到边缘就反弹，反弹后老鼠不会倒立。

碰到边缘就反弹积木保证老鼠的移动不超过舞台边缘，设置旋转模式为左右翻转积木保证老鼠反弹时不会倒立，程序代码如图 2-7 所示。

图 2-7　碰到边缘反弹程序代码

子任务五：实现目标锁定和追逐，实现猫追老鼠

引导学生用积木 面向 气球鼠 让猫面向老鼠，实现对老鼠锁定。用积木 面向 气球鼠 和 移动 10 步 实现追逐指定角色（老鼠）的效果。用重复执行积木使猫一直追着老鼠。程序代码如图 2-8 所示。

图 2-8　猫追老鼠程序代码

（三）知识拓展，合作创新

子任务六：结合动作积木知识制作有趣的游戏

小组合作探究利用动作积木模块下的其他积木制作有趣的游戏。例如我们可以利用“在（×××）秒内，移到 x（×××）y（×××）”积木制作巡逻小队的小游戏，让角色在规定的秒数内，移到相应的位置，实现巡逻的效果。参考程序代码如图 2-9 所示。

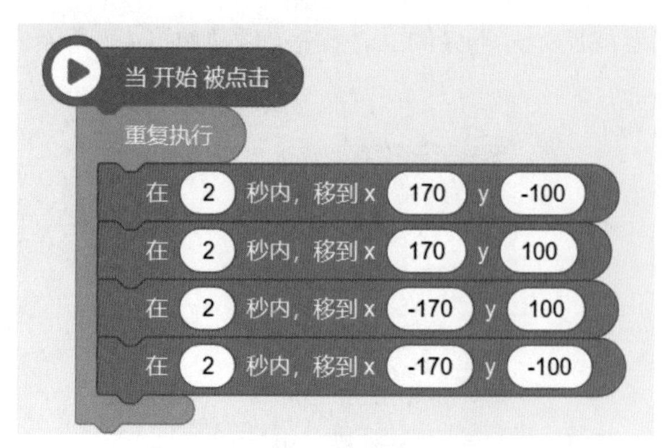


图 2-9　巡逻小队程序代码

子任务七：展示学生作品

（1）通过学生投票推选 2 ~ 3 个优秀作品。

（2）入选作品学生展示个人作品并介绍自己的创作理念。

（3）对学生推选出的优秀作品给予一定的称赞和鼓励。

（4）让未完成程序的同学和在编写程序中遇到问题的同学发表自己的疑惑，教师为他们进行答疑解惑，引导同学们解决完问题后给予一定的肯定。

## 三、课堂小结

学生展示拓展程序，并总结设计思路。教师引导同学们回顾本节课所学的知识点“动作积木”，通过本任务学习了动作积木移到（×××）、面向（×××）、移动（×××）步、碰到边缘就反弹、设置旋转模式为（×××）等的使用，成功地让猫追上老鼠。此外，还可以利用动作积木模块下的其他积木制作有趣的游戏。

通过编程，学生不仅可以制作小游戏，还可以制作故事等。希望在今后的学习中大胆地去创新、思考，创作出更多有趣的作品。

# 任务三　造型——趣味编程《孙悟空七十二变》

## 一、教学分析

### （一）任务分析

本编程任务是在学习完初始和动作积木模块的基础上，进一步学习外观积木模块的内容，旨在让学生理解造型变换的原理。通过体验“孙悟空完成七十二变”的过程，使学生认识外观积木模块，学会外观积木模块角色的隐藏、显示、造型切换的用法，并尝试编写积木代码。本任务建议教学学时为 3 课时。

（二）学情分析

学生已经掌握了简单的动作程序编写，有一定的程序编写能力以及基本的问题分析能力。本次任务采用了小组合作探究法以及任务驱动的教学方法来实现《孙悟空七十二变》案例作品的制作，在体验编程乐趣的同时更好地解决教学中编程能力差异化大的问题。

（三）教学目标

（1）认识外观积木模块（以下简称外观积木），了解外观积木的用法；理解外观积木切换到造型（×××）、切换到造型编号（×××）的造型、在（×××）秒内逐渐显示 / 消失在程序中的作用；学会查看角色的动态效果。

（2）在孙悟空七十二变的制作过程中，通过设置孙悟空的显示、隐藏、对话设置以及外观的不断变换，学会相关外观积木的基本用法。

## 二、教学过程

（一）激发兴趣，导入新课

问题提出：同学们，你们都看过《西游记》吧，里面的孙悟空会七十二变，对不对？让我们通过一个小视频看看孙悟空是怎样变身的。观看时请思考在源码编辑器中能否实现孙悟空的变身。

视频展示：播放孙悟空变身小视频。

启发思考：要在源码编辑器里实现孙悟空的变身，需要用到一个新的积木模块，即“外观积木模块”。

（二）教师引导，编写程序

子任务一：认识外观积木，了解外观积木的用法

教师提出问题：如果我们要改变角色的样子，需要用到哪个积木模块呢？同学们尝试说出外观积木模块的位置、颜色和用法。教师强调外观积木使用时的基本方法、重点、难点。

学生自行尝试使用外观积木编写程序，让孙悟空的外观产生变化：选择孙悟空角色，添加逐渐隐藏、切换造型等积木，如图 3–1 所示。

图 3-1　孙悟空外观变化程序代码

### 子任务二：添加多个造型，使孙悟空实现多种变化

（1）教师讲解并演示如何在一个角色下添加多个可切换的造型。通过点击角色孙悟空，在弹出菜单底部点击“+”号来添加用于角色切换的造型，如图 3-2 所示。

（2）教师提出问题：如何让孙悟空在已添加的多个造型中连续进行切换？同时布置任务：实现孙悟空多个造型的连续切换，让孙悟空“变”起来。程序代码如图 3-3 所示，孙悟空变形完后自动隐藏，“等待 1 秒”则使每一个造型切换后有足够时间进行显示。

图 3-2　给角色添加多个可切换的造型

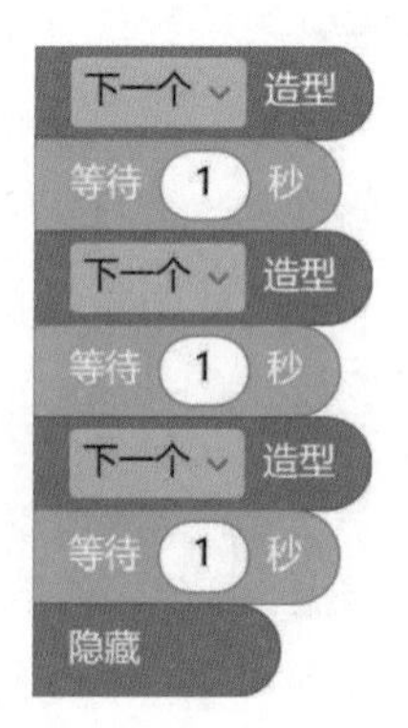


图 3-3　连续切换多个造型程序代码

### 子任务三：设置对话，增加角色的趣味性

通过外观积木模块中的对话积木，为孙悟空设计有趣的对话，让孙悟空这一角色更活泼生动。孙悟空开始变身时的对话及持续时间设置程序代码如图 3-4 所示。

对话 “大家好，我是孙悟空，我要变身咯” 持续 2 秒

图 3-4　对话设置程序代码 1

变身结束时的对话及持续时间设置程序代码如图 3-5 所示。

图 3-5　对话设置程序代码 2

（三）知识拓展，合作创新

### 子任务四：让孙悟空实现瞬间移动

小组合作探究，结合造型积木模块的功能，让孙悟空在完成七十二变的同时通过背景造型的变换实现瞬移功能。不同的地点变换对应着程序里的不同背景，当给孙悟空切换不同的背景造型，孙悟空就实现了瞬移。参考程序代码如图 3-6 所示。

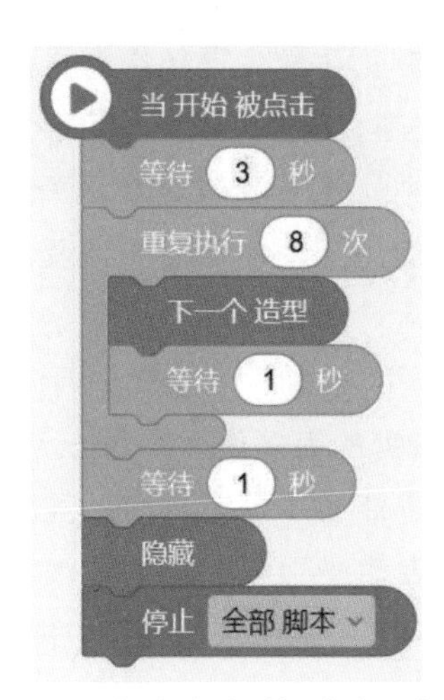


图 3-6　孙悟空实现瞬间移动程序代码

### 子任务五：展示学生作品

（1）通过学生投票推选，选出 2 个优秀作品。（入选要求：程序能基本实现孙悟空变化，变身总时长不低于 10 秒，变身动画美观，画面和谐）

（2）入选作品学生展示个人作品并介绍自己的创作理念。（从程序编写逻辑、造型积木在程序中的效果、个人体会等方面进行介绍）

（3）对学生推选出的优秀作品给予一定的称赞和鼓励。

（4）让未完成程序的同学和在编写程序中遇到问题的同学发表自己的疑惑，

教师为他们进行答疑解惑，引导同学们解决完问题后给予一定的肯定。

### 三、课堂小结

学生展示自己编写的程序效果，总结设计思路和所用到的关键积木。教师引导回顾本堂课重点为“外观积木”的使用。外观积木可以改变程序中各种角色的样貌、大小、色彩、明暗等外观状态并能为角色设置对话，能很好地对程序界面进行丰富和美化。运用好外观积木，学生就可以做出更好看、更夺人眼球的程序设计。

## 任务四　声音——趣味编程《演唱会》

### 一、教学分析

#### （一）任务分析

本编程任务是在学习完任务二、任务三及基本功能的基础上，进一步学习音乐积木模块的教学内容，旨在让学生理解声音导入使用、语音播报与识别等程序概念。为了激发学生的兴趣，本任务设计《演唱会》案例作品作为教学场景。通过制作演唱会场景，使学生认识声音的导入，了解语音播报的用法，同时尝试编写代码掌握语音识别的使用。本任务由于涉及的知识点比较多，建议教学学时为 2 课时。

#### （二）学情分析

学生已经掌握了动作、造型的简单使用，有一定的角色场景设计能力基础，具备基本的需求分析能力，且能初步理解程序的控制逻辑。该任务通过编程完成演唱会场景的模拟，同时在教学过程中采用了小组探究合作学习及任务驱动等教学方法来完成本教学内容，可以更好地解决在教学中学生编程能力差异化比较大的问题。

#### （三）教学目标

（1）认识声音积木模块下的积木（以下简称声音积木），了解声音积木的用法，学会声音积木“播放声音、播放音符、语音识别”在程序中的作用。

（2）尝试导入音乐作为演唱会开场音乐，控制音乐播放，使用“说‘你好’”模块做演唱会的开场词，学会使用播放声音积木，设置声音大小。

（3）在设计演唱会的编程中，逐步掌握播放音符积木、语音识别积木的使用方法，提高逻辑思维能力和解决问题能力。

## 二、教学过程

（一）激发兴趣、导入新课

问题提出：同学们有没有去看过演唱会？想不想和教师一起去看演唱会？今天就用编程猫来制作一个属于自己的演唱会吧！

情景导入：将演唱会场景导入本节课内容，激发学生的学习兴趣。学生完成前四个学习任务后，就能用编程猫中的声音积木制作简单的演唱会了。

（二）教师引导，编写程序

**子任务一：认识声音积木，了解声音积木的用法，添加背景、角色**

（1）教师提出问题：声音模块在哪里？是什么颜色？有什么作用？

（2）教师讲解声音模块所在位置，演示添加背景、角色，参考程序界面如图 4-1 所示。

（3）全体学生进行尝试上述操作，同桌之间互相帮助。

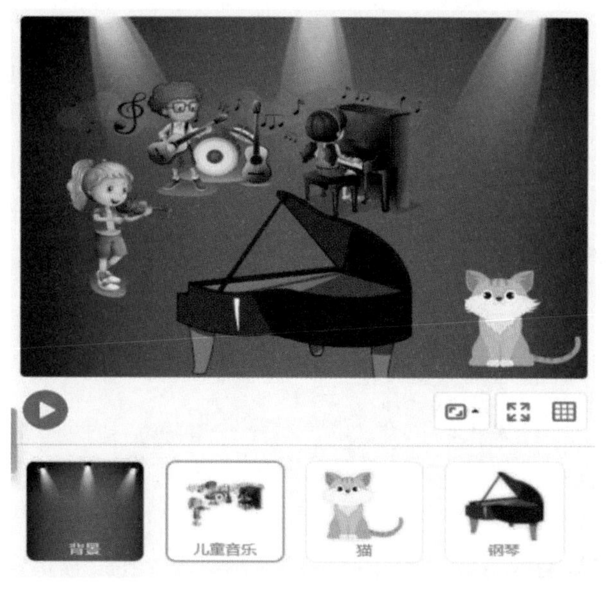


图 4-1　参考程序界面

**子任务二：讨论如何制作演唱会的开场语音，实现开场音效播放**

（1）教师提出话题：演唱会开始时，主持人会说什么开场词？

（2）学生小组内讨论，3 分钟后分享结果，教师点评。

（3）教师演示过程：播放开场音效，播放开场词语音。程序代码如图 4-2 所示。

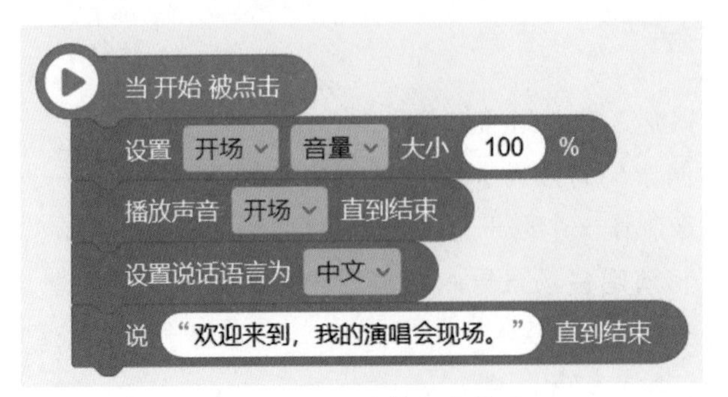

图 4-2　开场音效程序代码

（4）当点击“开始”按钮，程序将开场音量大小调为 100%，播放声音直到结束，设置说话语言为中文，并说“欢迎来到，我的演唱会现场”直到结束。

### 子任务三：运用广播控件实现弹奏音乐的效果

（1）学生自学，并尝试编写程序。

① 根据教师的演示，学生尝试运用音符模块搭建场景以及编写音乐部分，其间可自由讨论，互相交流想法。

② 教师观察学生的完成情况，特别关注以下问题：搭建场景时找不到音符；设置说话语言时不会转换为中文。

③ 10 分钟后结束讨论，教师根据所观察的情况进行更为详细解说：模板所在位置以及所能运用到的按键，并以“小星星”音乐为例子，进行演示。程序代码如图 4-3 所示。

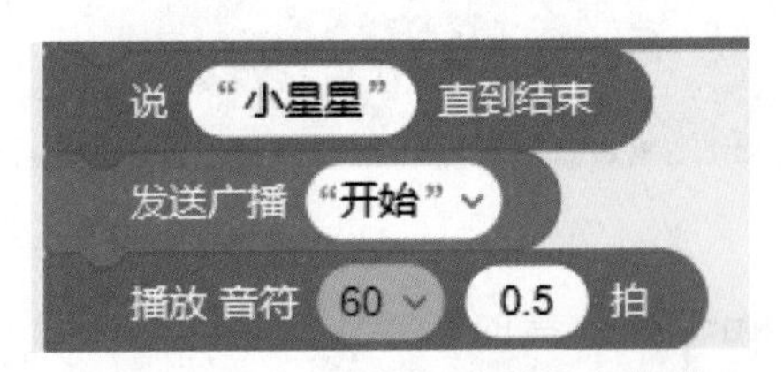

图 4-3　“小星星”音乐程序代码

教师演示完毕后，点击“运行”按钮，开场词说完广播消息，随后会播放小星星音乐。

（2）学生根据教师的演示，根据教师下发的“粉刷匠”乐谱文件夹，尝试运用编程实现“粉刷匠”音乐的播放，周围同学互相交流帮助。程序代码如图 4-4 所示。

图 4-4　“粉刷匠”音乐播放程序代码

### 子任务四：尝试使用语音识别功能，实现播放指定音乐

（1）识别语音。

教师布置任务，学生自行尝试添加语音识别，程序代码如图 4-5 所示。

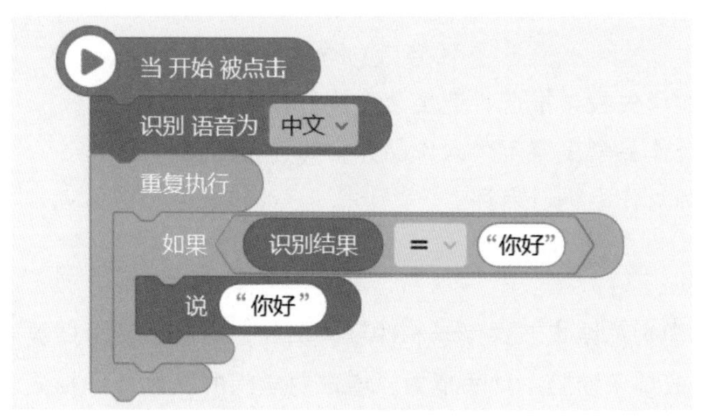


图 4-5　语音识别程序代码

当开始被点击，程序识别语音，将歌词的英文部分“你好”转换为中文，利用代码循环进行语音命令的监听。

（2）通过语音识别来控制音乐的播放，程序代码如图 4-6 所示。

图 4-6　识别“小星星”程序代码

当“识别结果”等于“小星星”时播放音符。

（3）完善代码。

当程序询问“请说出你要演奏的音乐”时，学生说出相应的语音指令，当语音识别结果为“小星星”时，开始播放音符，程序代码如图 4-7 所示。

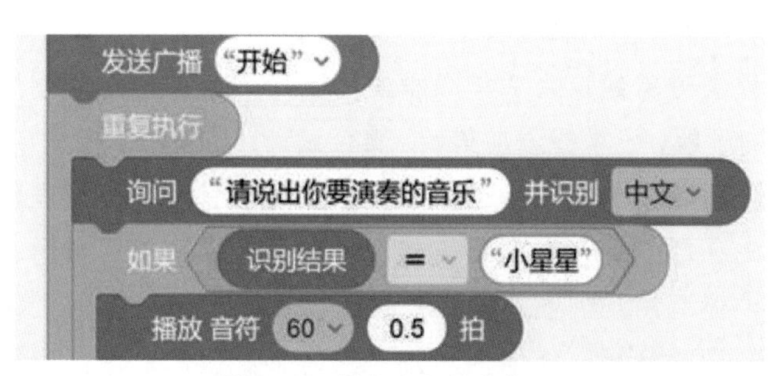


图 4-7　语音交互程序代码

（三）知识拓展，合作创新

子任务五：利用本节课所学知识，编写一首自己最喜欢的音乐，教师给出案例效果供学生参考，并鼓励学生创新改变搭建的场景

子任务六：学生作品展示

（1）通过学生投票推选，选出 2 个优秀作品。

（2）入选作品学生展示个人作品并介绍自己的创作理念。

（3）教师对作品进行点评。

## 三、课堂小结

教师引导学生总结本节课所学和收获。例如，学会了使用播放声音模块，设置声音大小；锻炼了动脑、动手能力，增进同学间的友好合作相处，营造浓厚的互帮互助的学习氛围。教师提问学生本节课所学内容，通过提问方式，能够让学生回忆课堂中遇到的难题，例如如何设置声音大小，搭建场景时如何找到所需的素材等。鼓励学生多练习“粉刷匠”例题，避免遇到此类题目无法解决。让学生认识到编程不仅可以制作小游戏，还可以利用编程制作音乐，进行语音识别等。

# 任务五　画笔——趣味编程《图形房子》

## 一、教学分析

（一）任务分析

本编程任务是在掌握了任务二、任务三及基本功能的基础上，进一步学习使用画笔积木模块编写程序，主要是让学生学会用画笔积木模块画出所需要的图画，认识编程软件的画笔积木模块功能。运用画笔，并结合几何知识在程序中自动画图，在本任务程序中，让画笔自动画出房子，以这一方式激发学生的学习兴趣。由于本任务涉及的知识点较多，建议教学学时为 6 课时。

（二）学情分析

本任务的教学对象建议为六年级学生，因为该年龄学生对图形化编程软件的功能有一定的了解，已掌握添加角色、舞台设计、动作积木模块中的基本操作，通过前期的学习培养了分析问题的能力，能设计具有简单控制逻辑的程序。同时，六年级学生在数学课程中对正方形、长方形、梯形、三角形、圆等图形都有了初步认识，能运用几何图形的特点进行绘制，将这些几何知识融入编程则体现了对学科知识的运用，能增加其知识获得感。因此，本任务设计的案例是

学生在编程软件中利用画笔积木模块，结合几何知识，自动地画出一间小房子。在教学过程中通过小组讨论让学生共同探究画笔模块的特点与使用方法，通过任务驱动教学方法让学生明确任务目标，完成本节课的主要学习任务，同时引导学生进行充分的自主探究，使其具备创新及改造作品的能力。

（三）教学目标

（1）认识编程软件中画笔积木模块下的积木（以下简称画笔积木）；理解画笔积木的用法；学会利用画笔积木落笔、抬笔、清除画笔、设置画笔粗细（×××）等。

（2）以小组形式共同探究，尝试在格子上画出由数学几何图形组合成的房子。逐步掌握画笔积木的使用方法，结合数学中的正方形、长方形、梯形、三角形、圆等知识画出图形并组合成房子，加深对编程画笔积木模块的理解和运用。

（3）初步体验几何图形与编程课程融合的方法过程，能感受到作品中的“几何美”。

## 二、教学过程

（一）激发兴趣、导入新课

问题提出：同学们学过哪些数学几何图形？利用这些图形能组成生活中的哪些物品？我们能不能在程序里让计算机“自动”地画出这些物品？

活动导入：给每一位学生分发一张格子纸张，要求学生利用铅笔、直尺、三角板等在格子纸上自由发挥进行画图［提示：利用数学图形（如三角形、长方形、梯形、圆等）组成的小房子或小车子；要求：一笔画出一个几何图形］。

启迪思维：通过这一教学活动，为后面的编程任务做好铺垫。引导学生理解点与点连接的关系，明白位置坐标的重要性。在画图中应该注意理解位置坐标、线条连接的顺序和位置、一个几何图形点线构成、几何图形的角度、几何图形的衔接关系等。如：正方形有四个点、四条边、四个角，四个角的角度分别为 90°，想要画好一个正方形必须找好四个点，四条边，任意相邻的两个点的距离应相等。

（二）教师引导，编写程序

子任务一：认识画笔模块的相应积木

教师提出问题：画笔积木在哪个位置？怎么辨别？有什么作用？

引导学生认识画笔工具：位置在积木模块列表，积木颜色是青绿色，作用是通过设置画笔落笔、抬笔、粗细、颜色、起点、终点等画出相应的线条；特别解释抬笔与落笔的作用，即当画完一个图形之后不抬笔，此时画笔的状态是落笔状态，会影响下一步画图的操作。具体积木如图 5-1 所示。

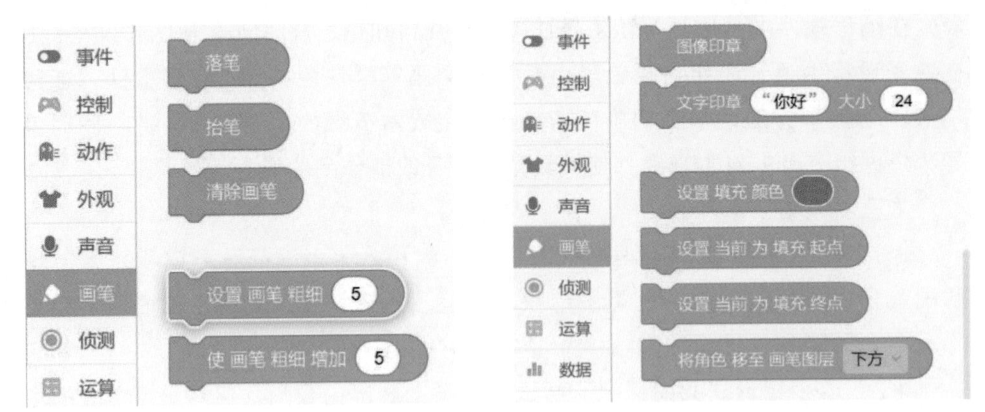


图 5-1　画笔模块

## 子任务二：添加背景和画笔角色

教师把素材发到学生用计算机，学生在学生机上运用以前学过的内容添加背景和角色，做好的同学可以帮助不会的同学。参考程序界面如图 5-2 所示。

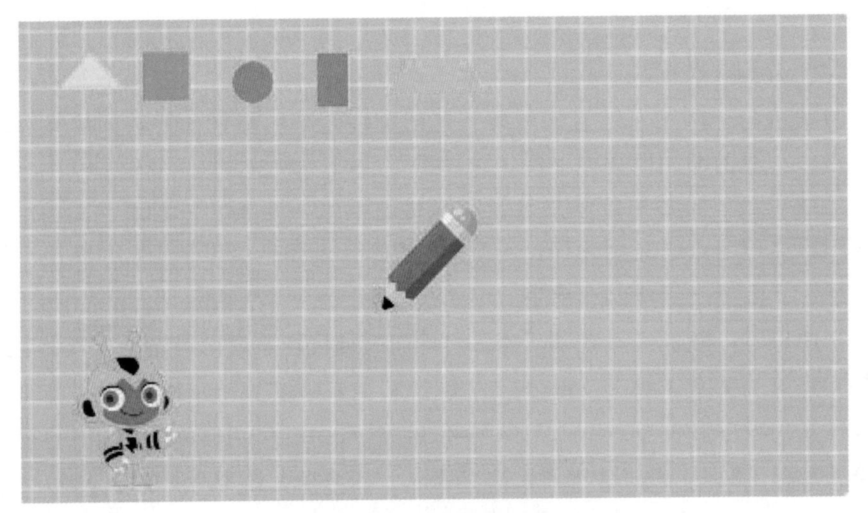

图 5-2　参考程序界面

## 子任务三：用编程让画笔“自动”画画

学生小组讨论探究，结合刚才在纸上画的图形进行对比并描图，尝试编写一个简单程序，用画笔画一个“十”字（一条竖线一条横线）。组员间互相帮助，互相比赛，共同探究完成程序。

## 子任务四：画房子的墙面（正方形）

程序采用广播控制的方式，即当几何图形图标被点击时，画笔画出相应图形。

引导同学们根据正方形的特征用画笔画正方形，思路如下：在对应的位置“描点”，正方形四个角都等于 90°，四条边相等。在合适的位置先画好一条边后，画笔需要旋转 90°，依此类推，重复三次。程序中旋转的角度是逆时针旋转，所以先确定一个左上角的点（位置），每次移动画笔的规律是横平竖直，即 $x$、$y$ 轴中某个坐标值不变，另一个坐标改变。教师展示画笔的程序如图 5-3 所示。

### 子任务五：画房子的门（长方形）

引导同学们根据长方形的特征用画笔画长方形。由于正方形和长方形具有紧密的联系，因此可以用类似正方形的画法画长方形，只需要注意每次移动画笔的规律是横平竖直，即 $x$、$y$ 轴中某个坐标不变，另一个坐标改变。教师展示画笔的程序如图 5-4 所示。

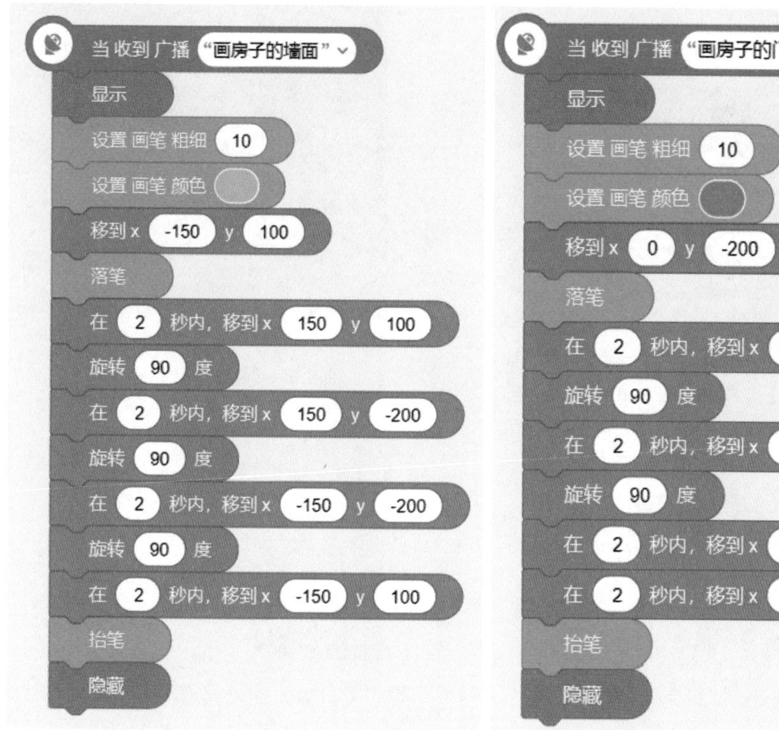


图 5-3　画“正方形”程序代码

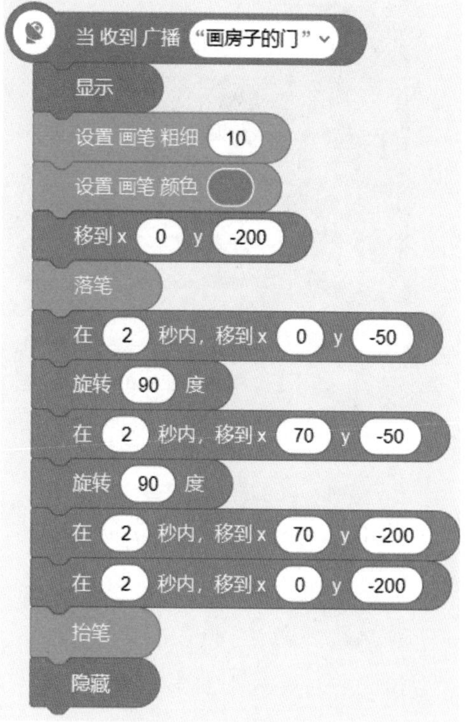


图 5-4　画“长方形”程序代码

### 子任务六：画房子的屋顶（等腰梯形）

引导同学们根据等腰梯形的特征用画笔画等腰梯形，由于等腰梯形和长方形在几何特征上具有紧密的联系，因此可以用类似长方形的画法画梯形，需要注意两点不同之处。首先，在画完一条边后画另一边时，需要旋转画笔的角度，上内角的旋转角度是 120°，下内角的旋转角度是 60°。其次，画笔移动时，两腰的移动长度应相等，但上下两边的移动长度并不相等。教师展示画笔的程序如图 5–5 所示。

### 子任务七：画房子的新型窗装饰框架（等边三角形）

引导同学们根据等边三角形的特征用画笔画等边三角形，思路如下：为新型窗装饰框架，三角形内角和为 180°，本次画的是等边三角形，所以三角形三个角分别为 60°，每次转角时设置旋转 60° 即可。其余画边的方式与前面的方法类似。教师展示画笔的程序如图 5–6 所示。

图 5–5　画“等腰梯形”程序代码

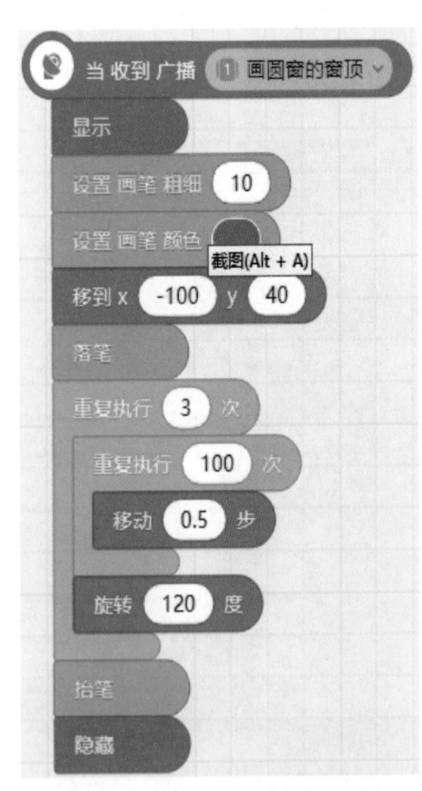


图 5–6　画“等边三角形”程序代码

### 子任务八：画房子的窗子（圆形）

引导同学们根据圆形的特征用画笔画圆形，思路如下：先确定好圆心位置（一个点），根据所画效果的要求，圆心要与三角形对齐，应在三角形下中心相应位置。将画笔旋转 360° 即可画出一个圆，为使图形更加平滑，我们设置的是将画笔每次旋转 5°，因此需要重复 72 次（72 × 5 = 360）。教师展示画笔的程序如图 5–7 所示。

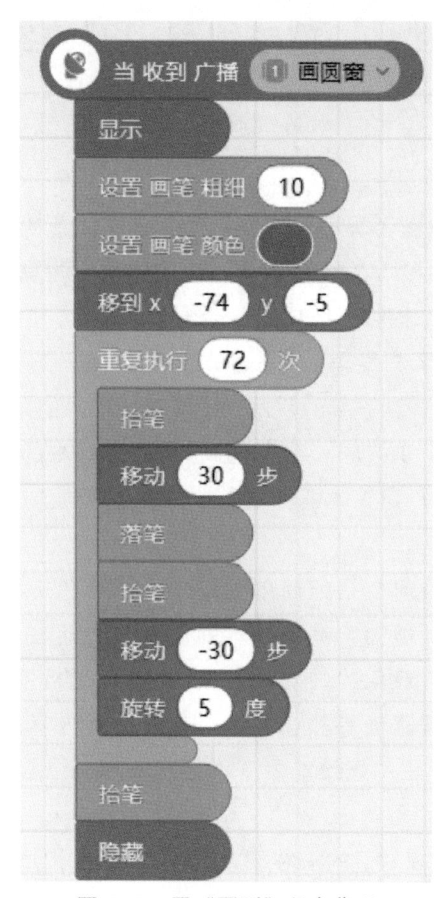


图 5-7　画“圆形”程序代码

## 三、知识拓展，合作创新

（1）小组讨论探究，结合前面所学的画笔功能，自主设计并画出更多的图形，让画面更美观。如在房子旁边添加树木、路灯、车辆、道路，在房子上方画太阳、云朵等。

（2）学生展示作品。学生互评优化后的作品，提出在做的过程中发现的问题。教师解决学生提出的问题。有可能遇到的问题：坐标位置不明确，抬笔和落笔的时机不理解，图形不是所设想的图形。

## 四、课堂小结

教师总结：通过这节课我们学习了在编程软件中利用画笔“自动”画图。画笔积木不仅可以画图，还可以动态地在程序中呈现不同的图形，这些都由同学们今后继续探究了，希望同学们今后多创造新的作品。

# 任务六　事件——趣味编程《要回家的编程猫》

## 一、教学分析

### （一）任务分析

本编程任务是在掌握了界面设计、为角色搭建简单的脚本的基础上，进一步学习以事件积木模块为核心的编程内容。旨在让学生理解并掌握事件积木模块中的“触发事件”“发送广播和接收广播”“屏幕的切换”“角色克隆和克隆体启动”等程序概念。任务中为了激发学生的兴趣，以“编程猫”这一角色作为故事的主线，通过编程猫回家的过程，认识事件积木，了解事件积木的用法，学会触发事件（鼠标、按键、广播、屏幕切换）、克隆，并根据故事脚本的需求尝试编写代码。为了达到更好的学习效果，建议本任务教学学时为 3 课时。

### （二）学情分析

学生已基本掌握为角色搭建简单的脚本（如角色造型、新建对话框等），有一定的角色场景设计能力，具备基本的需求分析能力，且能初步理解程序搭建的逻辑。本任务以游戏化的方法设计编程猫回家的过程，同时在教学过程中采用了自主探究与任务驱动等教学方法来完成教学内容，可以更好地调动学生的主动性，从而提高学生的思维能力。

### （三）教学目标

（1）认识事件积木模块下的积木（以下简称事件积木），了解事件积木的用法，学会事件积木“当角色被（×××）、当按下/放开（×××）、当（×××）、当收到广播（×××）、当屏幕切换到（×××）、当克隆体启动时”在程序中的作用。

（2）尝试编写“编程猫”被点击后的触发代码以及“蓝鸟”接收广播后的触发代码，学会使用按键来控制“编程猫”移动，使用侦测编程猫碰撞角色触发屏幕切换，使用克隆让“编程猫”克隆出“喵火”角色打败怪物。

（3）在设计《要回家的编程猫》案例过程中，学生应掌握事件积木模块中事件触发、克隆语句的使用方法，进行逻辑能力的训练，提高动手实践能力；在教学过程中采用自主探究法，养成积极思考、敢于实践的良好学习习惯。

## 二、教学过程

### （一）激发兴趣，导入新课

提出问题：同学们是否玩过闯关游戏？我们自己也可以设计关卡，制作一个闯关游戏。

展示作品：教师展示《要回家的编程猫》闯关游戏。从游戏名可知是以编程猫回家为主线，编程猫在回家的路上遇到了不同关卡，我们要帮助编程猫去解决问题，编程猫才可以顺利回家。

启发思考：要在源码编辑器里实现闯关游戏，会需要很多“事件”，回顾刚才的展示中出现了哪些触发事件，引出新的积木模块，即“事件积木模块”。

（二）教师引导，编写程序

子任务一：复习角色导入及舞台设计的知识，添加角色并布局

教师引导学生设计舞台界面（两个屏幕），屏幕一参考程序界面如图 6-1 所示，屏幕二参考程序界面如图 6-2 所示。

图 6-1　屏幕一参考程序界面

图 6-2　屏幕二参考程序界面

子任务二：认识事件模块，了解事件积木用法

教师提出问题：什么是事件？并说明：在我们每天的生活中会去做很多事情，而什么时候去做它们，往往都会有一个触发条件，当满足这个条件后就会开始做事，这个条件可能是时间、地点，或者是某些人对你说的话等。在我们的图形化编程里，可能会有多个角色，角色与角色之间的动作需要协调，相互之间也需要沟通。另外，在故事发展的过程，需要根据故事的情节需求切换舞台的场景。所以，事件模块负责启动脚本执行，当满足事件积木当角色被（×××）、当收到广播（×××）、当屏幕切换到（×××）、当作为克隆体启动时等要求时，都使脚本可以作为各种条件的响应来执行。

教师引导学生观察事件积木，并说明：事件积木模块下的积木简称为事件积木，在图形化编程里事件积木呈深蓝色。因为事件积木能触发脚本启动，所以角色积木块的第一块积木都会是事件积木。事件积木又可以分为五类。

第一类是触发事件积木，包含当开始被点击——点击开始即触发这一积木下的脚本；当角色被（×××）——当某一角色被点击 / 按下 / 放开，触发相对应角色中这一积木下的脚本；当在手机中向（×××）滑动——当我们在手机屏幕中向上或者向下滑动，触发这一积木下的脚本；当（×××）（×××）——

键盘触发，指按下或者放开某一指定按键，就会触发这一积木下的脚本；当（×××）——用于侦测触发脚本。

第二类是停止、重启事件积木，包括停止（×××）——可用于停止当前角色的脚本、停止全部角色脚本、停止当前角色其他脚本、停止其他角色脚本；停止——全部脚本都暂停；重启——整个程序重新启动。

第三类是广播事件积木，包含当收到广播（×××）——收到了某一指定的广播，则执行脚本；发送广播（×××）——发送任意指定的广播；发送广播（×××）并等待——发送了任意指定的广播后，需要执行完接收到这一广播的脚本才可以继续进行此积木下的脚本。

第四类是屏幕切换事件积木，包含当屏幕切换到（×××）——当屏幕切换到指定的屏幕，则触发此积木下的脚本；切换屏幕（×××）——切换到指定的屏幕名称；切换屏幕（×××）——切换到指定的屏幕序号；设置屏幕切换特效为（×××）（×××）——这是给切换屏幕加上特效。

第五类是克隆事件积木，包含当作为克隆体启动时——本角色被克隆时，就会执行此积木下的脚本；克隆（×××）——指克隆指定角色；删除自己——某一角色执行这一积木，则角色被删除。

这些积木如图 6-3 和图 6-4 所示。

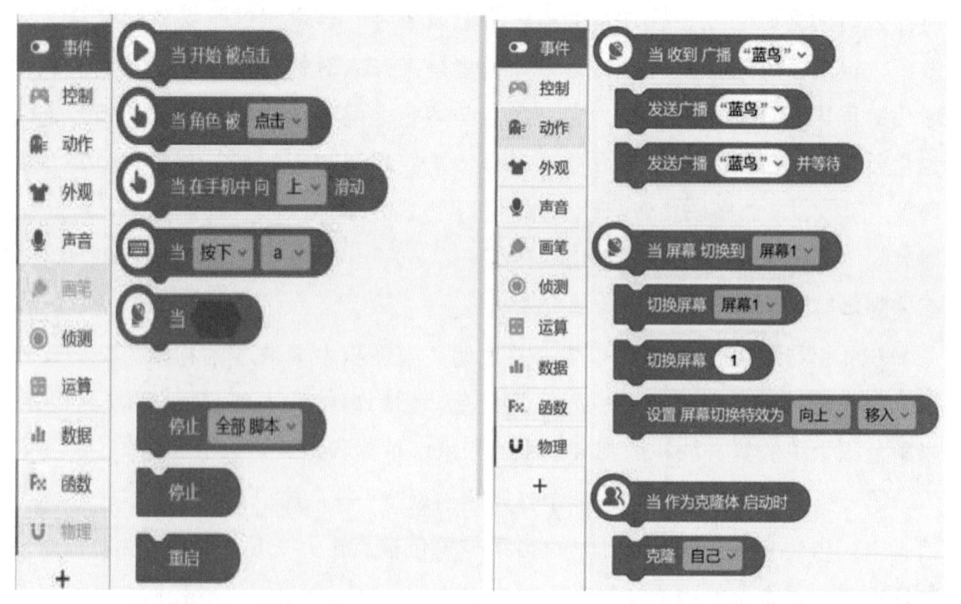


图 6-3　事件积木一　　　　图 6-4　事件积木二

### 子任务三：复习基础动画效果的实现，学习按键触发程序

教师展示：按下“→”键使编程猫实现划船到岸边的效果。

（1）角色动画效果的实现。

教师引导学生们思考如何实现“编程猫”和“蓝鸟”的动画效果。

学生利用所学过的程序控制及角色外观的知识自主实现效果。效果的参考实现代码如图 6-5 所示。

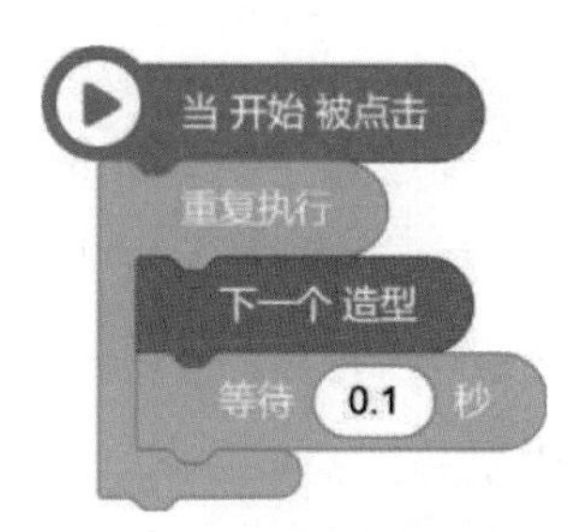


图 6-5　动画效果程序代码

（2）按下“→”键，触发程序。

引导同学们观察一段程序效果：编程猫被困在海上，当按下“→”键后，编程猫向右移动，回到岸上。

教师说明要想实现这一效果则需要利用“当（×××）（×××）”这一事件积木，此积木用于当按下指定按键时，触发相应程序。

根据程序效果的要求，学生编写程序，参考程序如图 6-6 所示，在键盘上按下“→”键后，编程猫在 1 秒内将 X 坐标增加 200（意为向右移动 200 个单位）。

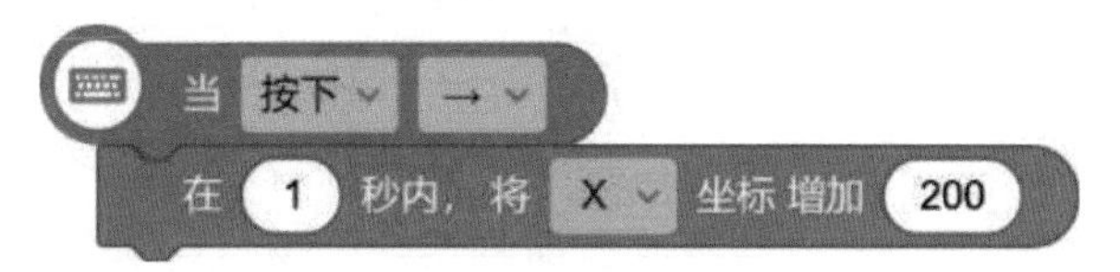


图 6-6　触发前进程序代码

### 子任务四：运用角色点击事件实现启动脚本、停止脚本、重启脚本的效果

教师展示程序效果：点击编程猫后，编程猫会发出对话。要想实现这一效果，则需要“当角色被（×××）”这一事件积木。该积木仅用于当前角色的使用，可以指定当前角色被点击、按下或者放开来触发此积木下的脚本，如图 6-7 所示。

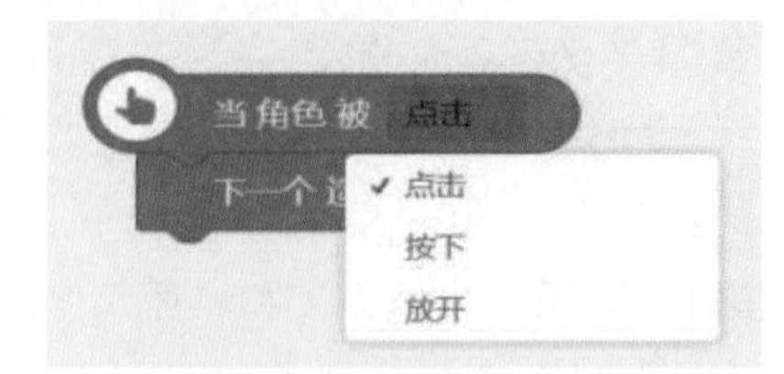

图 6-7　事件积木触发条件

根据该段程序的效果，引导学生编写程序。

教师说明“暂停”功能需要用到事件积木模块的“停止（×××）”，此积木可以在程序中停止其他角色脚本的运行。相对于停止，也有“重启”这一事件积木，此积木用于重启全部角色的脚本。

教师引导实现停止脚本、重启脚本功能，如图 6-8 所示。

图 6-8　停止、重启程序代码

子任务五：运用广播，实现编程猫发送广播和蓝鸟接收广播的效果

老师展示：编程猫在对话后，蓝鸟也会进行对话。

教师提出问题：是什么促使对话实现呢？并说明此时是利用了消息事件积木来完成。

教师提出问题：什么是广播？并说明广播出去的消息会发送给所有的角色，包括自己，只有当收到广播的内容和广播出去的内容一致时，相应的程序才会触发运行，如果多个角色接收同一广播，那么角色的运行程序可能不一样，也可能一样。教师总结发送广播与接收广播的用法：发送广播与接收广播是成对使用的；使用接收广播必须要有发送广播，否则接收广播的脚本无法启动；如果发送的广播是“Hi”，则只会执行接收到的广播是“Hi”之下的脚本。

发送广播的程序如图 6-9 所示。

图 6-9　发送广播的程序代码

接收广播的代码如图 6–10 所示。

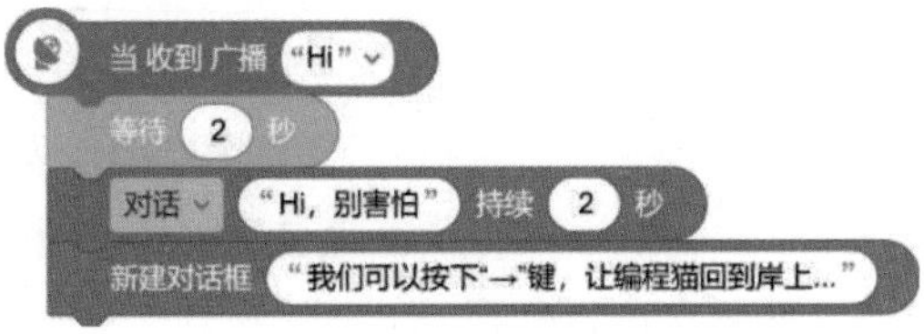
当收到广播 "Hi"
等待 2 秒
对话 "Hi，别害怕" 持续 2 秒
新建对话框 "我们可以按下"→"键，让编程猫回到岸上…"

图 6–10　接收广播的程序代码

## 子任务六：运用侦测，实现触发屏幕切换与屏幕切换触发脚本

教师展示：编程猫回到岸上时，屏幕一就跳转到了屏幕二。引导学生们思考这其中有什么事件，触发了什么效果。然后教师展示代码，说明程序效果是当编程猫碰到“钢筋”这一角色时，会触发“切换屏幕”事件。

教师举例说明侦测的作用：在事件积木里使用了侦测，只有侦测的事件为真才会执行代码，为假则不执行。

教师引导学生实现程序，代码如图 6–11 所示。

当 编程猫划船 碰到 钢筋
切换屏幕 屏幕2

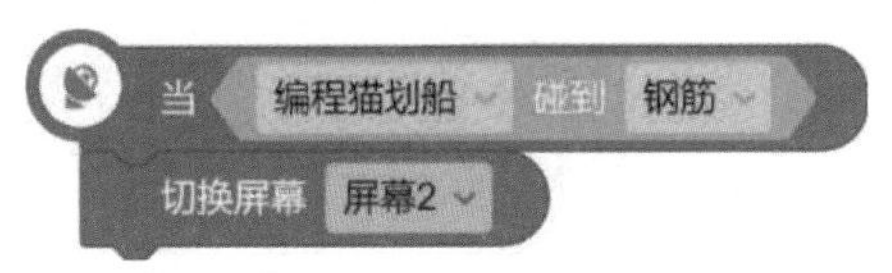

图 6–11　侦测事件程序代码

教师引导学生观察屏幕切换后会触发什么样的效果。

教师总结“切换屏幕（×××）”与“当屏幕切换到（×××）”的关系：两者要成对使用，屏幕名必须要一致。

根据程序效果实现程序，代码如图 6–12 所示。

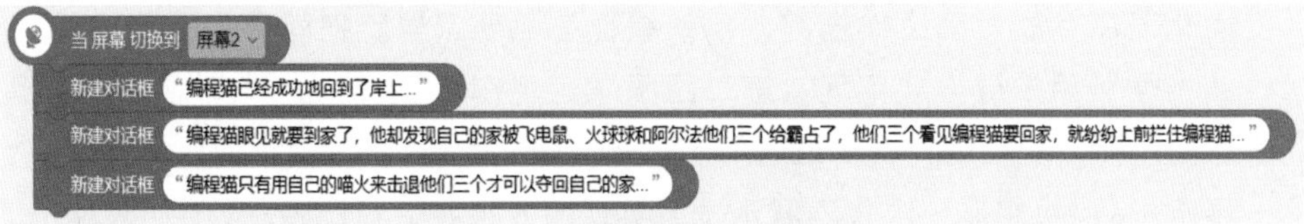
当屏幕切换到 屏幕2
新建对话框 "编程猫已经成功地回到了岸上…"
新建对话框 "编程猫眼见就要到家了，他却发现自己的家被飞电鼠、火球球和阿尔法他们三个给霸占了，他们三个看见编程猫要回家，就纷纷上前拦住编程猫…"
新建对话框 "编程猫只有用自己的喵火来击退他们三个才可以夺回自己的家…"

图 6–12　屏幕切换事件程序代码

## 子任务七：运用克隆，实现克隆喵火效果

教师引导学生观察到接下来的程序效果：当点击任意位置，编程猫就会发射“喵火”攻击该位置，而且能进行多次的发射攻击。

分析该段程序效果的本质——角色的重复利用，教师提出克隆的概念，并说明克隆可以理解为复制、拷贝，就是从原型中产生出同样的复制品。使用“克

隆（×××）”时，可以选择克隆的角色是什么；“当作为克隆启动时”一般会和“克隆（×××）”成对使用；克隆出来的角色是克隆体；如果克隆某一角色被启动，那么对应的角色则运行“当作为克隆体启动时”这一积木块。

引导学生编写程序并实现效果，如图 6-13 和图 6-14 所示。在“喵火”角色中，发生鼠标点击事件，“喵火”就会克隆自己。当“喵火”作为克隆体启动时，先定位到编程猫当前所在位置并显示，然后在 0.5 秒内移动到鼠标的位置，这相当于攻击路径，最后删除自己。

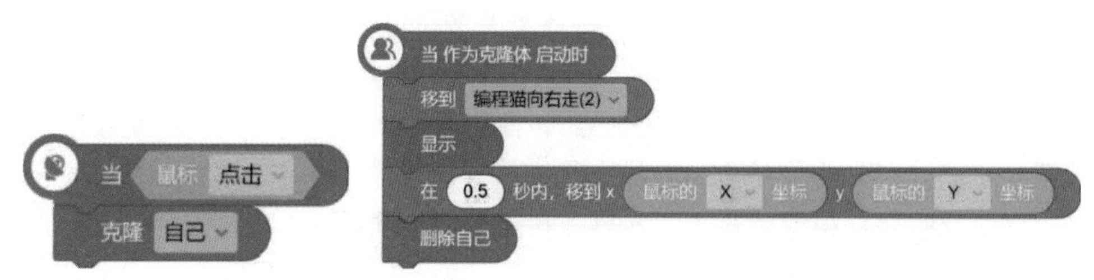


图 6-13　克隆效果　　图 6-14　克隆角色启动触发事件的程序代码

**子任务八：利用碰撞侦测事件，实现击杀怪物效果**

引导学生运用子任务六中的碰撞侦测，结合外观积木中的“逐渐隐藏”积木，实现喵火击杀怪物效果，代码如图 6-15 所示。

图 6-15　击败怪物的程序代码

## 三、知识拓展，合作创新

优化程序：敌人已经被赶跑，帮助编程猫回到家里。把同学们分为四组，第一组同学运用按键方式实现；第二组同学运用在手机滑动方式实现；第三组同学运用广播方式实现；第四组运用点击触发方式实现。

展示作品：每组派一个代表展示本组实现的效果并讲解代码，教师加以评价。

## 四、课堂小结

教师总结：通过对《要回家的编程猫》案例学习，我们懂得了事件积木模块下的积木的使用。运用图形化编程软件可以让学生理解算法与生活之间的联系，即运用图形化编程模拟、设计并解决问题，服务于学习与生活。

拓展学习：充分利用事件积木，设计并实现一个小游戏。

# 任务七　控制——趣味编程《小鸟捕捉害虫》

## 一、教学分析

### （一）任务分析

本编程任务在学习动作、外观积木模块的基础上，进一步学习控制模块的内容，旨在让学生理解重复循环、条件判断等基本程序流程及控制积木。以《小鸟捕捉害虫》案例游戏为教学主线，激发学生学习的兴趣。通过小鸟捕捉害虫的过程，认识并掌握重复执行、重复执行直到和条件判断程序积木。建议学时为 2 课时。

### （二）学情分析

学生已基本掌握动作积木和外观积木的基本应用，具备一定的场景布局能力，有分析程序的基础，能够初步理解程序的控制逻辑。本任务通过设计并完成《小鸟捕捉害虫》游戏程序，同时在教学过程中采用了任务驱动、实践操作、自主探究、小组合作等教学方法来完成课程教学内容，旨在帮助学生不仅学会编程的相关知识与技术，还能培养学生解决问题的能力。

### （三）教学目标

（1）认识控制积木模块下的积木（以下简称控制积木），了解控制积木的用法，学会控制积木 “重复循环、条件判断”在程序中的作用。

（2）尝试编写小鸟飞到地上捕捉害虫的程序代码，学会用循环积木实现小虫来回移动以及鸟儿扑扇翅膀，学会用条件判断积木控制程序的不同分支。

（3）通过编写有趣的游戏，激发出学习的兴趣和探究求知的内在动机；经历自主探究过程，增强应用信息技术解决问题的信心和动力。

## 二、教学过程

### （一）激发兴趣、导入新课

提出问题：同学们有没有在生活中或电视中看到小鸟捉虫？它们是怎么捉的呢？

视频展示：播放小鸟捕捉害虫视频，引导学生用编程来模拟小鸟捕捉害虫的游戏程序，激发学生的学习兴趣。

启发思考：要在源码编辑器里做出小鸟捉虫的游戏，需要使程序有循环流程和判断流程，即要用到“重复循环、条件判断”积木。

（二）教师引导，编写程序

### 子任务一：分析小鸟捕捉害虫游戏的运行过程

教师与学生探讨程序需要解决的问题：小鸟捕捉害虫的游戏有几个动画角色，每个角色的动画方式是什么？

引导学生得出结论：小鸟捕捉害虫的游戏有害虫、小鸟两个动画角色，它们的动画方式分别是害虫左右循环爬行，小鸟在空中飞，并能飞到地上捕捉害虫，然后判断是否抓住害虫。

### 子任务二：复习导入角色及舞台设计的知识，添加森林舞台背景、小鸟角色和害虫角色

学生进行操作，同桌之间相互合作，参考程序界面如图 7–1 所示。

图 7–1　参考程序界面

### 子任务三：认识控制积木，了解控制积木的用法，尝试使用控制积木编写程序，让害虫动起来

认识重复执行：

老师引导学生思考小鸟舞动翅膀和害虫来回爬行的共同特点，得出结论：它们都在不断循环。循环是反复并连续地做某些事，在控制积木模块下有“重复执行”和“重复执行直到”程序积木可以实现循环。

引导学生编写程序，通过“重复执行”积木使害虫在舞台左右移动。参考程序代码如图 7–2 所示。

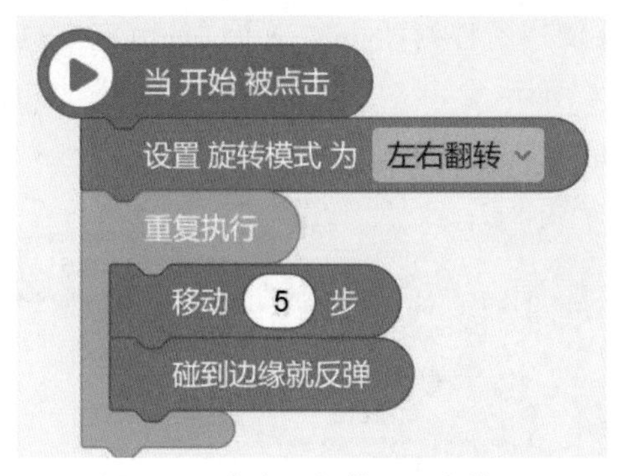


图 7-2 害虫爬行效果程序代码

注意将旋转模式改为左右翻转，否则害虫会倒过来爬动。

### 子任务四：运用“重复执行直到”积木，使小鸟在空中飞舞

教师引导学生们思考：小鸟在空中扇动翅膀是不是也是通过循环实现的？是不是也是无限循环？然后得出结论：小鸟的动画应该在抓到虫子后结束。

参考程序代码如图 7-3 所示。

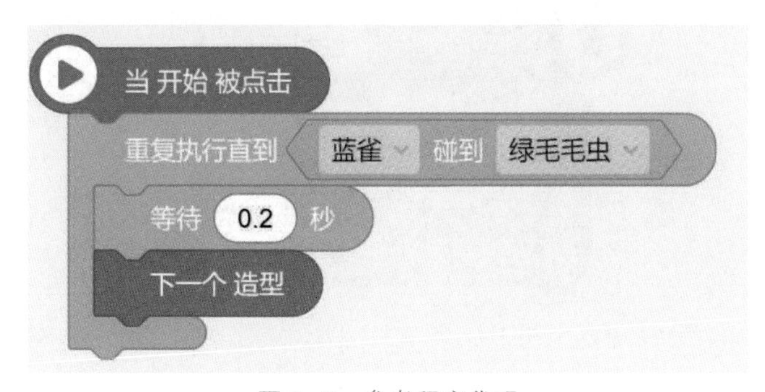


图 7-3 参考程序代码

教师提出问题：大家都知道角色对象可以改变外观，那么为什么要等待 0.2 秒后再进行下一个造型？

小鸟张开翅膀和闭合翅膀的循环是为了让小鸟飞行时更加流畅灵动，这里运用了动画的原理。动画原理是通过把人物的表情、动作、变化等分解后画成许多代表动作瞬间的画幅，再按顺序连续展示，连续变化的图画给视觉造成连续动画的视频效果。而在两幅画之间的间隔频率，决定了这个动画的视频速度，如果不设置一个等待时间，小鸟扇动翅膀的频率就非常高，在视觉效果上就不符合常识。

### 子任务五：运用“条件判断”做成功与失败的两种分支

游戏中的规则是小鸟没有碰到害虫就失败，此时返回天上，碰到害虫就成功，提醒挑战成功并结束游戏。

根据这个需求，要使用条件判断积木在不同的分支中执行不同的程序流程。参考程序代码如图 7-4 所示。

图 7-4　判断捕捉害虫程序代码

小鸟捕捉虫子成功后害虫应消失，这是通过触发广播的方式实现的，即对成功捉到害虫这一分支的延续执行，参考程序代码如图 7-5 所示。

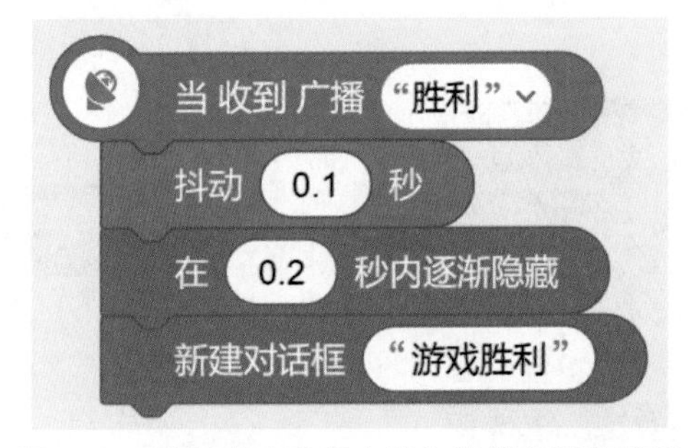


图 7-5　捕捉成功后害虫消失效果的程序代码

## 三、知识拓展，合作创新

（1）提出程序优化的需求：当累计 3 次捕捉害虫失败时，判定游戏失败，弹出提示窗口，并结束程序。教师引导学生设计程序流程，并利用循环积木、判断积木等实现程序。

（2）分小组展示所实现的作品效果，说明在完成过程中遇到的问题。

## 四、课堂小结

本课程通过分析小鸟捕捉害虫游戏的需求，利用控制积木的知识，设计并创作了一个简单的游戏。通过实践过程可以明白：只要能了解事物的运行规律，就能通过逻辑分析将这些规律转换成对应的程序控制流程，而我们所编写的程序代码正是对这些控制流程的具体实现。

# 任务八　克隆——趣味编程《躲杯侠》

## 一、教学分析

### （一）任务分析

本编程任务主要是在学习了事件、控制、动作、外观、侦测积木模块的基础上，进一步学习克隆积木模块的运用，旨在让学生理解事件触发、克隆运用等程序概念。为了激发学生的兴趣，设计了《躲杯侠》游戏案例作为教学主线。通过编写小鸟躲避空中掉落杯子的程序，认识、掌握克隆积木的用法，进一步加强对侦测鼠标事件、键盘事件、碰撞事件的学习。建议教学学时为3课时。

### （二）学情分析

学生已掌握了事件、控制、动作、侦测积木模块的使用，有一定的角色场景设计能力，具备基本的需求分析能力，且能初步理解程序的控制逻辑。本课程通过小组探究、合作学习等教学方法，可以更好地解决教学中学生编程能力差异化的问题。

### （三）教学目标

（1）认识克隆积木模块下的积木（以下简称克隆积木），了解克隆积木的用法，学会克隆积木“克隆自己（其他角色）”“当作为克隆体启动时”“删除自己”的使用方法。

（2）能够制定“躲杯侠”的游戏规则，设计游戏结束的机制，编写代码，并尝试设计创新。

（3）培养编程兴趣，激发求知欲，利用信息技术与学科融合，同时把德育、美育结合起来，培养探究精神。

## 二、教学过程

### （一）激发兴趣、导入新课

展示程序：请同学上台玩《躲杯侠》游戏，其他同学在台下观察。

问题提出：请同学们说说游戏中的角色有哪些？角色有哪些行动？游戏的规则是什么？

启发思考：引入课题，设计《躲杯侠》游戏。

### （二）学习教程，编写程序

#### 子任务一：让小鸟在空中自由的飞翔

（1）提出问题：小鸟碰到杯子或者碰到地板时，程序如何退出循环？如何使小鸟一直保持着空中飞的状态以及位置的改变？

（2）学生思考并尝试设计编程。

最终完成程序代码如图 8-1 所示。

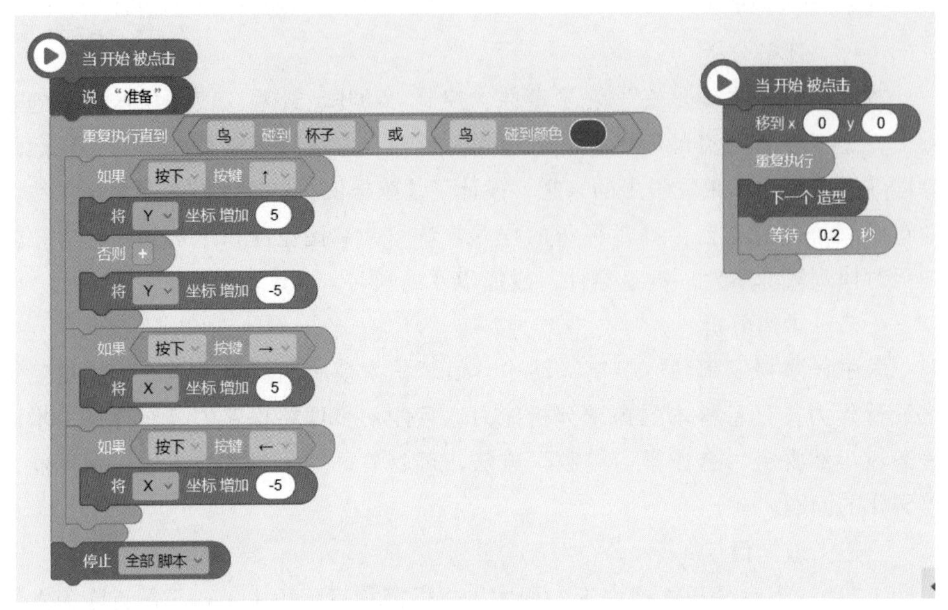


图 8-1　程序代码

子任务二：克隆杯子，使杯子在顶部落下

（1）学生思考，尝试设计。

（2）学生自主探究完成，并上台展示，小结方法。

（3）老师鼓励表扬，引导学生完善。

杯子落下前隐藏，间隔 2 秒克隆自己，程序代码如图 8-2 所示。

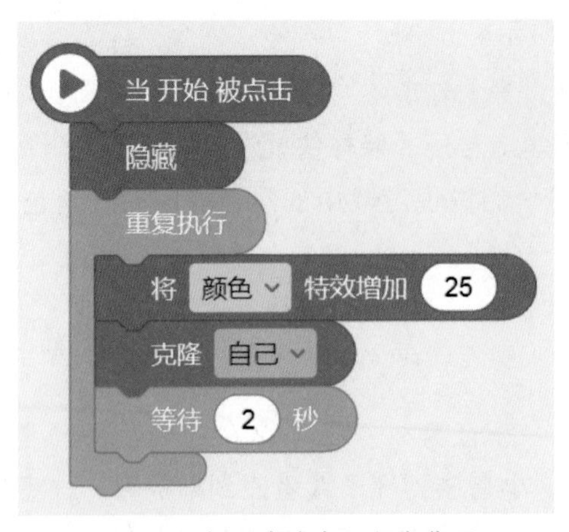


图 8-2　杯子克隆自己程序代码

随机移动到顶部，Y 坐标 < －180 后杯子消失，实现杯子随机从顶部落下，程序代码如图 8-3 所示。

图 8-3　杯子落到底部删除自己程序代码

（4）学生进行评价。

（5）全体学生进行操作，同桌之间互相帮助。

### 子任务三：通关比赛

（1）学生分小组比赛，哪个小组能让小鸟躲杯子的时间更长，即哪个小组获胜。

（2）体验分享乐趣。

（三）知识拓展，合作创新

### 子任务四：给游戏添加音效

（1）小组合作探究，在《躲杯侠》游戏的基础上添加音效，优化完善创新设计。编程代码如图 8-4 所示。

（2）展示每组亮点，给予表扬。

（四）课堂小结

通过本任务我们学习了克隆杯子，成功实现一变多；还学习了设计游戏的技巧，并尝试了设计创新以优化体验。但是在日常生活中，克隆知识的运用远远不止这些，需要我们用心去发现生活中更多有趣的事物，学会创新。我们可以运用编程制作动画，还可以利用编程制作小游戏、小故事等。希望大家在今后的学习中能勇于思考，大胆创新，创作出属于自己的优秀作品！

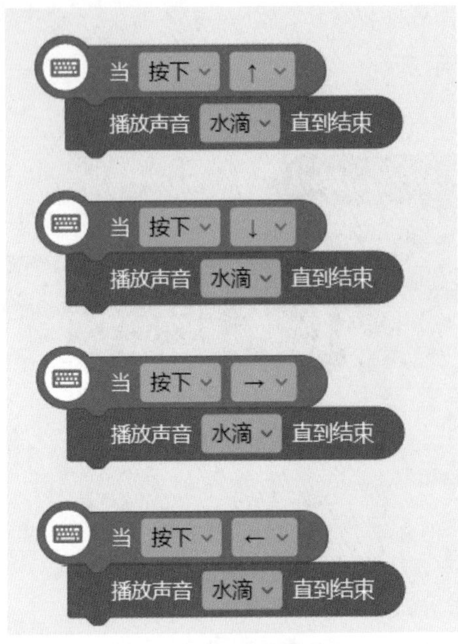


图 8-4　游戏音效程序

# 任务九　变量——趣味编程《捕鱼达人》

## 一、教学分析

### （一）任务分析

本编程任务是在学习了事件、声音等积木模块的基础上，进一步学习数据积木模块的运用，旨在让学生理解事件触发、判断变量等程序概念。为了激发学生的兴趣，本任务以设计《捕鱼达人》游戏作为教学主线。由于本任务涉及的知识点较多，建议教学学时为 5 课时。

### （二）学情分析

学生已经掌握事件、声音、运算等积木模块的使用，具备一定的逻辑思维和演绎推理能力。本任务采用任务驱动法和小组探究合作法，组织学生完成捕鱼过程的程序编写，使其体会在学中“玩”的乐趣。

### （三）教学目标

（1）认识变量积木模块下的积木（以下简称变量积木）；了解变量积木的用法，学会变量积木在程序中的作用。

（2）能够编写呆鲤鱼左右游动的程序，学会在程序中使用变量积木。

（3）体验自主学习和创新学习的快乐，提高解决问题的能力。

## 二、教学过程

### （一）激发兴趣、导入新课

问题提出：同学们你们都钓过鱼或者抓过鱼吗？我们来一起观看《熊出没》，看看他们是怎么钓鱼的。

视频展示：播放视频《捕鱼达人》。

### （二）教师引导，编写程序

#### 子任务一：复习添加角色、导入角色及添加舞台背景的知识，添加本次课程所需的“河流”背景和“呆鲤鱼”角色

教师布置任务：自行添加背景和角色，程序界面如图 9-1 所示。

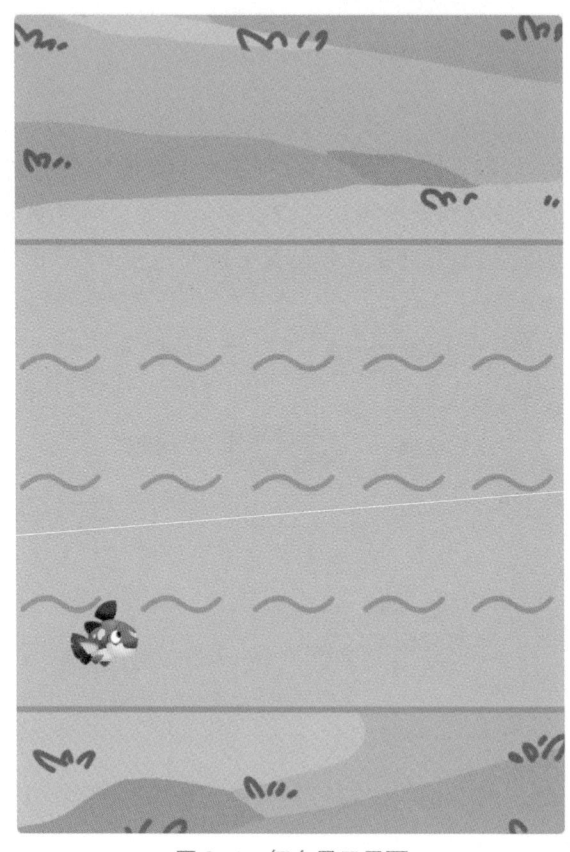

图 9-1　舞台显示界面

#### 子任务二：使用移动积木实现呆鲤鱼左右游动

教师演示呆鲤鱼游动起来的效果，提出问题：如何让呆鲤鱼动起来呢？碰到边缘之后呆鲤鱼上下倒过来了应该怎么办呢？

学生自行编写程序：选择呆鲤鱼角色，编写程序让呆鲤鱼游动起来，再设置旋转模式为左右翻转，代码如图 9-2 所示。

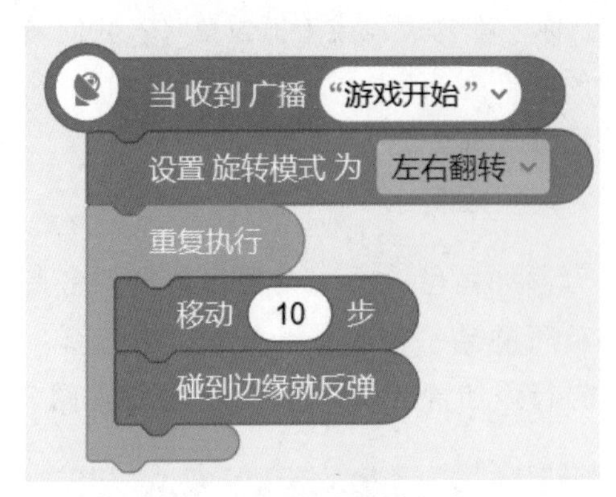


图 9-2　呆鲤鱼游动程序

子任务三：运用变量，设置游戏的加分规则

（1）教师提出问题：我们游戏的规则怎么制定呢？捕捉到了鱼有什么奖励呢？学生分组讨论，教师引出变量的内容，并演示如何新建变量。

（2）学生尝试添加分数变量，并设置分数初始值为 0，代码如图 9-3 所示。

图 9-3　设置变量参数

（3）教师布置任务：请学生自行尝试编写程序，点到呆鲤鱼发出音效并将分数增加 1，然后隐藏起来。

提示：选择“呆鲤鱼”，设置当角色被点击时变量分数增加 1。为了增加游戏的趣味性，在商城里面找到“跑酷”的音效并添加进来。当呆鲤鱼被点击时发出音效，随后隐藏。程序代码如图 9-4 所示。

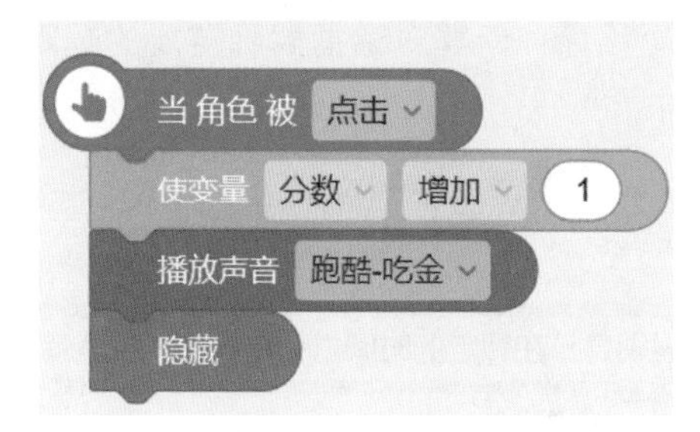


图 9-4　加分程序

子任务四：完成时间表从左到右移动，碰到边缘就停止所有脚本

（1）教师提出问题：我们已经实现了捕鱼并在捕到鱼之后加分，还能如何提高游戏的难度呢？引出还需要一个时间限定的机制。

（2）教师布置任务：自主学习计时器功能，设置“计时器”这一角色从左到右移动，当碰到边缘就停止所有脚本，并添加多条鱼的角色。程序界面如图 9-5 所示。

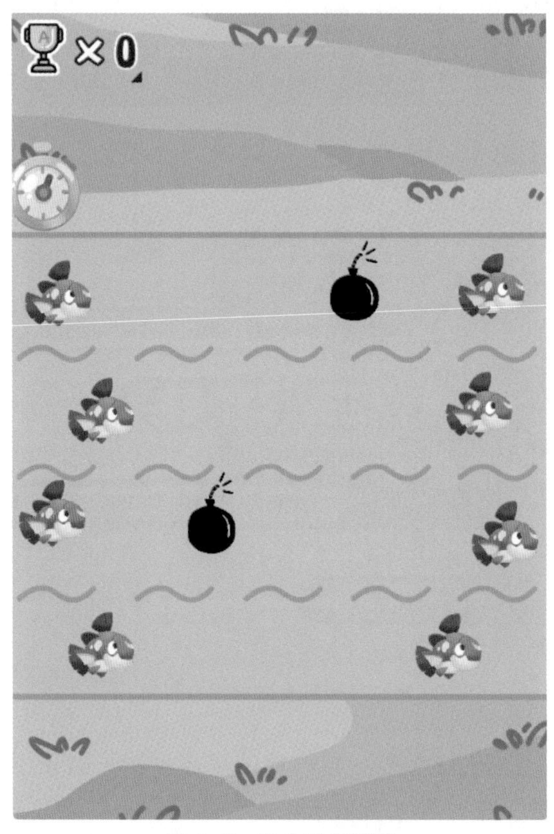


图 9-5　舞台显示界面

（3）学生自行编写程序：新建对话框解释游戏的规则，通过广播开始游戏。程序代码如图 9-6 所示。

图 9-6 设置游戏开始程序

当接收到广播后，设置计时器从左到右的运动效果——12 秒内 X 坐标增加 550。判断当游戏结束时，如果变量分数小于或等于 4 时，则停止其他角色脚本，并新建游戏结束的对话框；如果变量分数大于或等于 5 时，与上一步一致，新建游戏结束的对话框。程序代码如图 9-7 所示。

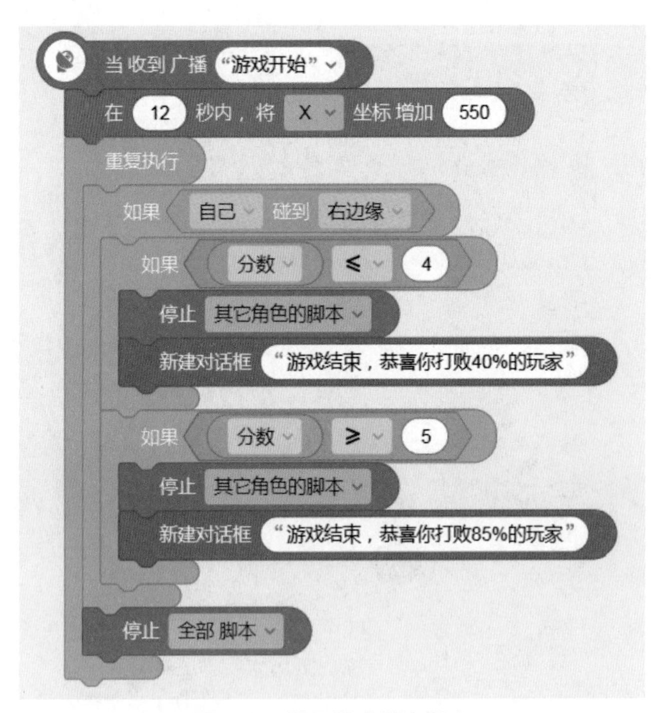


图 9-7 设置游戏结束程序

### 子任务五：完善程序（添加背景音乐）

教师布置任务：自行导入背景音乐，当收到广播“游戏开始”时自动播放背景音乐。程序代码如图 9-8 所示。

图 9–8　背景音乐程序

（三）知识拓展，合作创新

子任务六：添加两个炸弹，当鼠标点击时使分数变量减少 1

程序代码如图 9–9 所示。

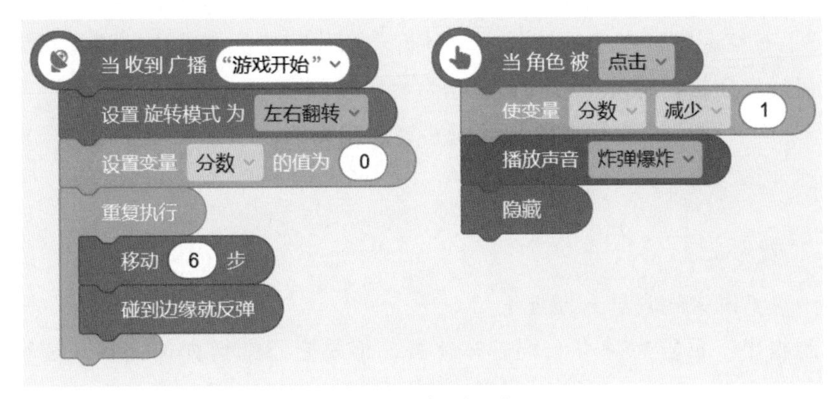


图 9–9　炸弹程序

（四）课堂小结

学生展示程序的效果，总结本次课程编程所需要的积木，教师引导同学们回顾本堂课的重点是"变量"的使用，在其他类似的程序中也可以添加所需要的变量，提升游戏的趣味性。

# 任务十　侦测——趣味编程《惊险赛车》

## 一、教学分析

### （一）任务分析

本编程任务是在学习了事件、控制、动作、声音、变量积木模块的基础上，进一步学习侦测积木模块的运用，旨在让学生理解事件触发、侦测判断等程序概念。为了激发学生的兴趣，本任务以设计《惊险赛车》游戏作为教学主线，学习侦测积木模块键盘侦测、碰撞侦测、造型侦测的用法，使用侦测积木编写程序，实现对角色的控制。由于本任务涉及的知识点较多，建议教学学时为 6 课时。

（二）学情分析

学生已经掌握了事件、控制、动作、声音、变量的简单使用，有一定的角色场景设计能力，具备一定的规则意识，且能初步理解程序控制逻辑。本任务通过小组探究合作学习法和任务驱动法来完成赛道的制作，使学生在学习过程中体验编程的乐趣。

（三）教学目标

（1）认识侦测积木模块下的积木（以下简称侦测积木），了解积木的用法，学会侦测积木鼠标按下、按下键盘（×××）、（×××）碰到（×××）、离开（×××）在程序中的作用；学会使用计时器侦测和造型侦测。

（2）在完成游戏制作的过程中，分析《惊险赛车》游戏中的碰撞逻辑、鼠标及键盘触发逻辑，编写相应代码，学会相关侦测积木的用法。

（3）学会对问题进行抽象与建模并转换成算法，学会用程序代码来实现算法，培养计算思维能力。

## 二、教学过程

（一）激发兴趣，导入新课

问题提出：狐狸想举办一场赛车比赛，但是它不知道如何让赛车在赛道上跑起来，让我们一起来帮助它吧。

启发思考：教师提出在制作赛道的过程中需要用到一个新的积木模块，引出教学内容“侦测积木模块”。

（二）教师引导，编写程序

**子任务一：复习添加角色、导入角色及添加舞台背景的知识，添加本次课程所需的赛道背景、赛车、障碍车、终点线**

教师布置任务：请同学们自行添加赛道背景和角色。程序界面如图 10-1 所示。

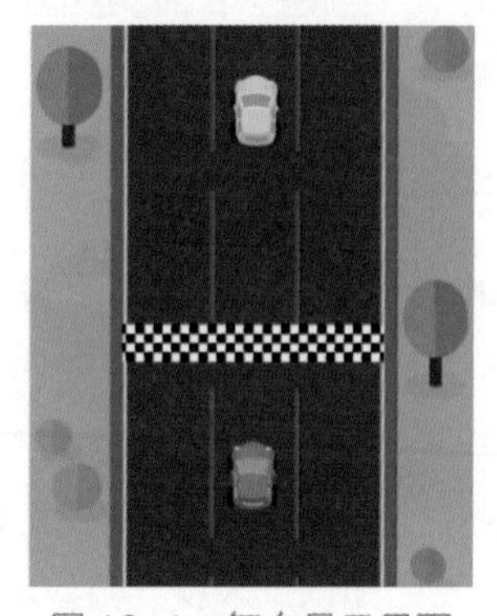

图 10-1　舞台显示界面

### 子任务二：认识侦测积木，了解侦测积木的用法，尝试使用侦测积木编写程序

（1）教师提出问题：当按下键盘的某个键时，会触发相应的程序，要实现这种效果使用哪种积木？学生尝试说出侦测积木的颜色、位置和基本的用法。教师强调设置侦测积木的基本方法和重点难点。

（2）学生尝试使用侦测积木编写程序使赛车动起来：选择“赛车”角色的脚本，按下向左箭头，将 X 坐标增加 -5，程序代码如图 10-2 所示。同理，设置向右、向上、向下箭头的运动脚本。

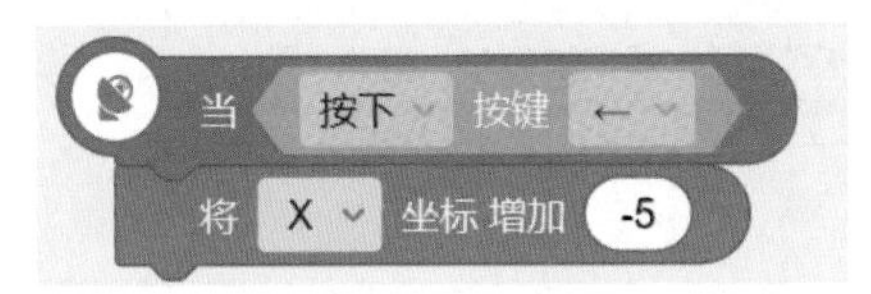


图 10-2　控制赛车单次执行程序代码

### 子任务三：体验相对移动效果，使赛道背景动起来

（1）教师讲解并演示相对移动会产生的效果，使学生形成相对移动的初步概念，并布置任务：让赛车“动”起来。教师展示程序代码，如图 10-3 所示。

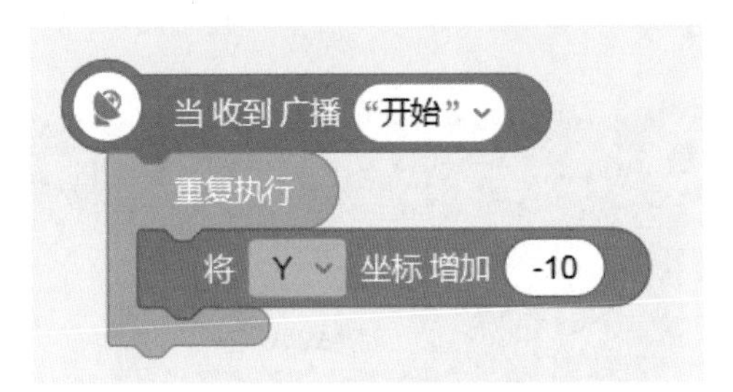


图 10-3　控制赛车重复执行程序代码

选择“终点线”这一角色，设置终点线移到固定的位置。程序代码如图 10-4 所示。

图 10-4　终点线程序代码

图 10-3 和图 10-4 的代码使得背景和终点线在移动，而赛车在 Y 轴上是不动的，形成了赛车在向前跑动的运动效果。

（2）设置游戏的规则：失误时提醒游戏失败，碰到终点线时提醒挑战成功。教师分析赛车这一角色的碰撞逻辑，提示同学们这里需要用到的侦测积木是（×××）碰到（×××）。教师展示赛车程序代码如图 10-5 所示。

图 10-5　设置游戏结束程序代码

当侦测到赛车碰到“障碍车”角色或者碰到边缘的颜色——黄色时，游戏失败，停止其他角色的脚本，并弹出对话框提醒游戏失败。

教师和学生共同分析出获胜的逻辑是赛车碰到终点线，相应的程序代码如图 10-6 所示。

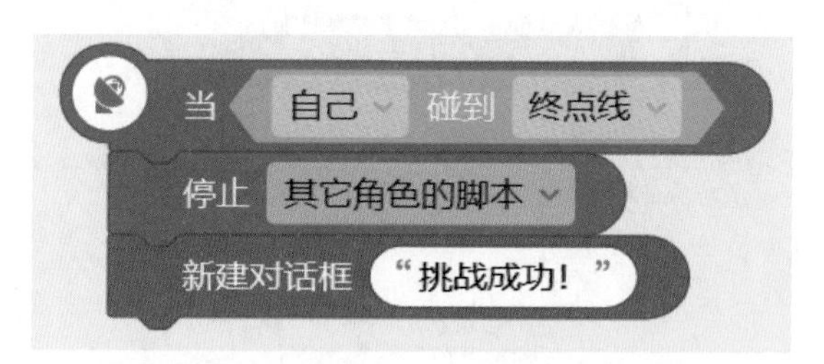


图 10-6　设置游戏成功程序代码

获胜之后也会触发游戏结束，所以也会停止其他角色的脚本，并提示游戏结束。

### 子任务四：运用“克隆和随机数”知识，设置障碍车自动随机出现和终点线的位置

（1）为了进一步增强游戏的趣味性和难度，需要增加障碍车随机出现的效果。

教师布置任务：实现多辆障碍车随机出现在赛道上，且造型也为随机。提示学生需要使用以前学过的“克隆”和“随机数”的知识，程序代码如图 10-7 所示。

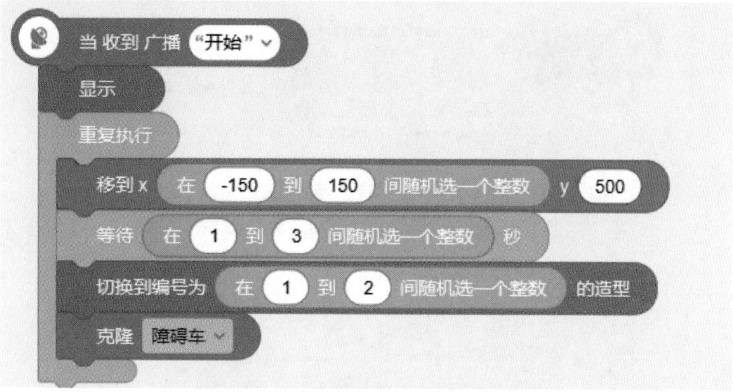

当收到广播 “开始”
显示
重复执行
移到 x 在 -150 到 150 间随机选一个整数 y 500
等待 在 1 到 3 间随机选一个整数 秒
切换到编号为 在 1 到 2 间随机选一个整数 的造型
克隆 障碍车

图 10–7 设置障碍车运动程序代码

障碍车出现时的 X 轴位置是一个随机值，随机范围保证了在赛道范围内。相隔 1 ~ 3 秒后，程序会克隆出下一个随机造型的障碍车。

（2）教师提出问题：障碍车出现之后不会移动，要如何解决这个问题？

学生分组讨论，结合对前面运动效果的认识，得出用相同的模式来解决问题，实现这一效果的程序代码如图 10–8 所示。

当 作为克隆体 启动时
移到 x 在 -150 到 150 间随机整数 y 500
重复执行
重复执行直到 离开 下边缘
将 y 坐标 增加 在 -5 到 -15 间随机整数
删除 自己

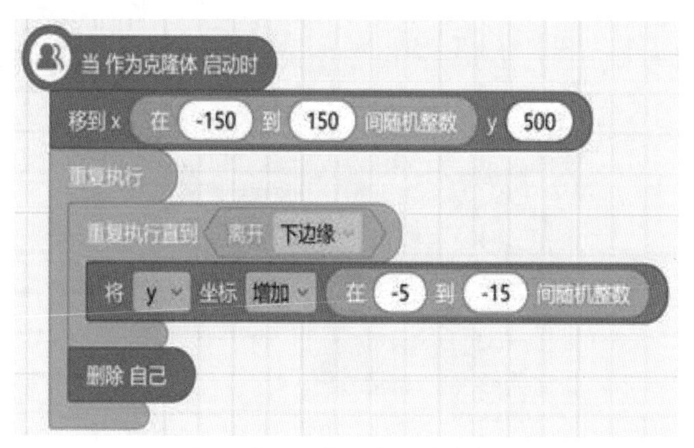

图 10–8 设置障碍车落到底部删除自己程序代码

障碍车 Y 轴的增加意味着向下运动，到达底部时“消失”（删除自己）。

### 子任务五：合理运用变量，实现赛车加速效果

为进一步的提高游戏趣味性，教师提出新的任务：按下空格键时，赛车在一定时间内提速。提示同学们注意三个问题：使用什么侦测积木？如何通过变量的改变进行提速效果？提速和降速的过程中赛车的造型应如何变化，才不会产生“跳”的现象？程序代码如图 10–9 所示。

程序中触发加速时，会改变造型，并且通过循环控制的方式将赛车逐渐加速和减速。

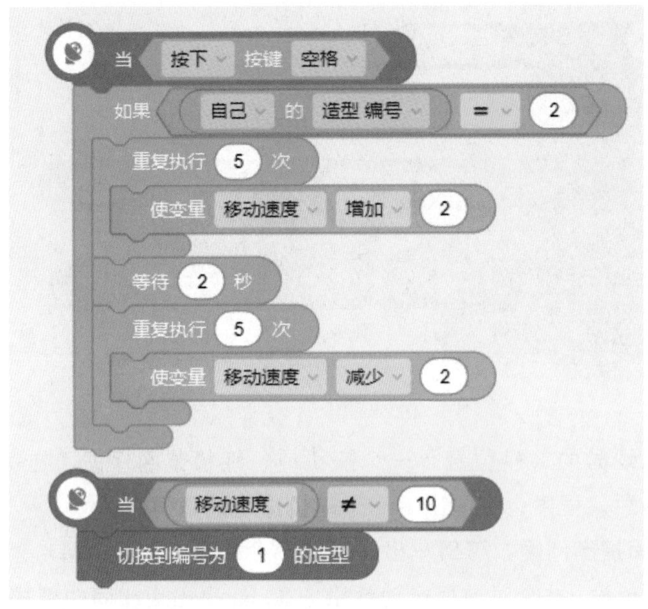


图 10–9　赛车加、减速程序代码

子任务六：完善程序（添加背景音乐和计时器）

（1）教师布置任务，让学生利用之前学过的声音积木，实现背景音乐和摩托车音效。程序代码如图 10–10 所示。

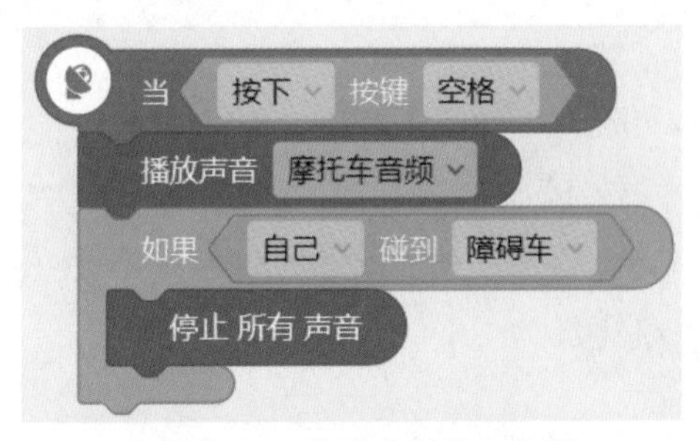


图 10–10　背景音乐程序代码

（2）教师布置任务，实现游戏过程计时并能展示计时结果，同时分组探究。程序代码如图 10–11 所示。

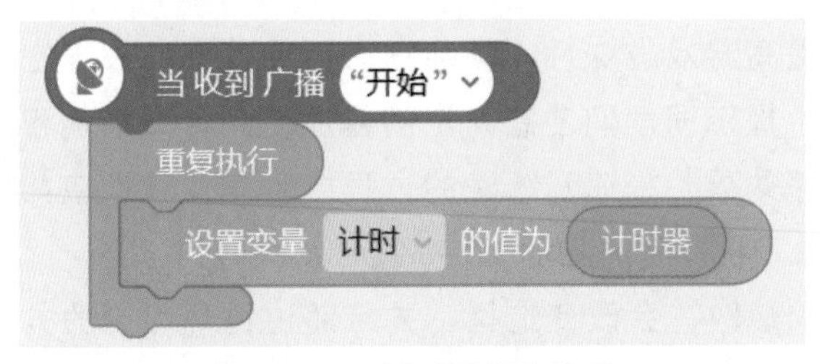


图 10–11　计时器程序代码

选择“赛车”这一角色，设置赛车碰到终点线，停止其他脚本，并提示花了多少时间到终点。程序代码如图 10–12 所示。

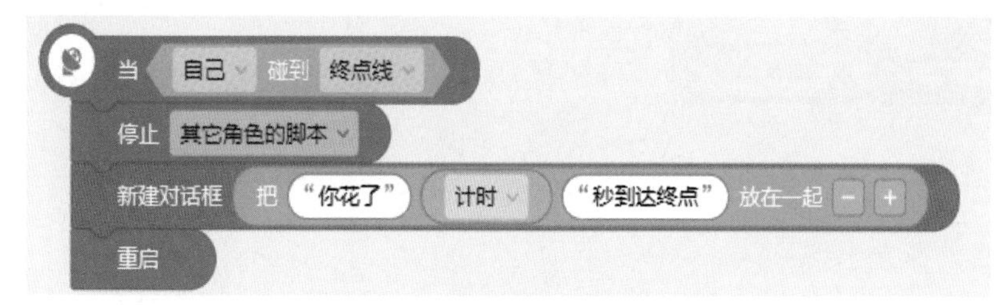


图 10–12　设置游戏结束程序代码

（三）知识拓展，合作创新

### 子任务七：实现“加油桶”等道具效果

在游戏中添加“加油桶”或其他道具角色，赛车碰到这些道具时，会产生特殊效果。比如“加油桶”的效果是在赛道中随机出现，当赛车碰到“加油桶”时，赛车加速，并播放音效。参考程序代码如图 10–13 和图 10–14 所示。

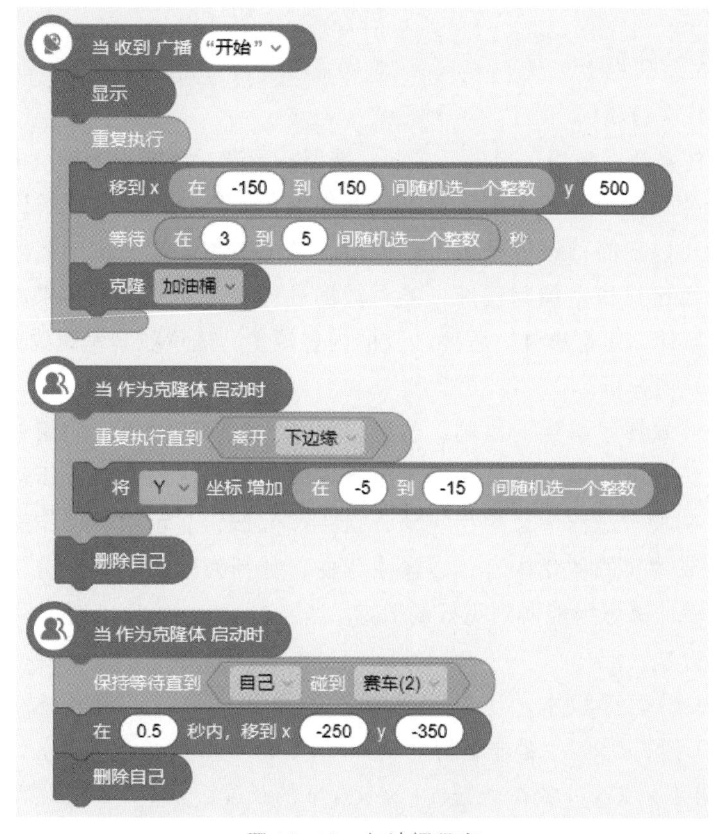


图 10–13　加油桶程序

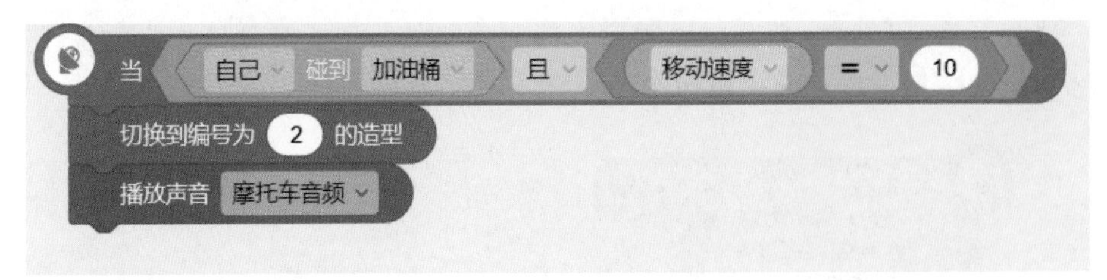


图 10–14 游戏音效程序

（四）课堂小结

学生展示拓展程序的效果，并总结设计思路和所用到的关键积木，教师引导同学们回顾本堂课的重点是“侦测积木”的使用，侦测积木能侦测程序中的各种“事件”，比如碰撞事件、鼠标键盘事件，而一个有趣的游戏往往就需要各种各样的“事件”来提高其趣味性。所以运用好侦测积木并设计合理的流程与逻辑，大家就可以做出各种各样的有趣游戏。

## 任务十一 运算——趣味编程《编程猫计算》

### 一、教学分析

（一）任务分析

本编程任务是在掌握了事件、控制、造型、声音、数据积木模块的基础上，进一步学习并运用运算积木模块进行程序的编写，旨在让学生理解运算积木模块下的积木（以下简称运算积木）的使用。学生通过体验制作计算器的过程，实现初步使用运算积木编写程序，能对数据进行运算并显示出结果，学会运算事件、判断事件、组合事件。程序涉及的内容较多，建议教学学时为 6 课时。

（二）学情分析

学生已经掌握了事件、控制、造型、声音、数据积木模块的简单使用，有一定的角色场景设计能力，具备了完成本课题任务要求的需求分析能力、基本编程能力。在教学过程中运用引导法、自主探究法、演示法、合作探究法等教学方法来完成本次的教学内容，以学生为主、教师为辅，让学生有较大的自主发挥空间，使计算思维能得到更好的锻炼。

（三）教学目标

（1）认识运算积木，了解运算积木的用法，学会运算积木（×××）（+/−/×/÷）（×××）、数学运算（×××）、（×××）（>/</=）（×××）、把（×××）（×××）放在一起、（×××）的长度、（×××）的第（×××）个字符串等在程序中的作用。

（2）在完成计算器制作的过程中，通过分析计算器中的运算事件、判断事件、组合事件，编写相应代码，学会相关运算积木的基本用法。

（3）提高学生编程兴趣，激发求知欲，在探究运算积木作用和解决问题的过程中培养编程思维与探究能力；学会对问题进行抽象逻辑分析，学会用程序代码来实现相应的算法，培养编程思维。

## 二、教学过程

### （一）激发兴趣，导入新课

问题提出：同学们用过计算器进行计算吗？大家知道计算器背后的代码如何编写、如何运行的吗？今天我们就运用源码编辑器来制作一个计算器吧！

效果展示：展示计算器的使用，学生观察使用过程。

启发思考：教师提出制作计算器需要用到新的积木，引出教学内容“运算积木模块”。

### （二）教师引导，编写程序

#### 子任务一：复习导入角色及界面设计的知识，完成程序界面的设置

（1）教师布置任务：自行添加计算器背景和角色，不在素材库的角色可以运用画板画出。

（2）学生自行操作，设计程序界面。参考程序界面如图 11-1 所示。

图 11-1　参考程序界面

#### 子任务二：实现计算式输入功能

（1）教师提示：在点击一个数字按钮的时候，我们可以直接运用变量来展示我们点击的数字按钮的数值（为简化程序，让变量显示出纯数字即可）。在实际的计算器使用中，点击按钮时数字会追加到已输入数字的尾部，大家可以

探究在运算积木模块中哪个积木能帮助实现这个功能。之后教师解释文本型变量和数字型变量的不同并得出结论：根据输入的需求，应该使用文本连接运算积木“把（×××）（×××）放在一起”实现多数字的连接。

（2）学生尝试运算积木的用法，使所点击的数字按钮的数值显示在页面上：选择数字“1”按钮角色的脚本，当角色被点击，设置变量的值为“把（式子）（1）放在一起”，程序代码如图11–2所示。然后自行探究并设置其他数字按钮角色及运算按钮角色的程序。

图 11–2　文本连接程序代码

### 子任务三：实现结果输出功能

（1）教师提示：要对式子进行数学运算，并得到运算结果，需要使用到运算积木模块中的一个积木，该积木可将文本型的计算式子转化为数学计算式，并得出计算结果。

（2）教师布置任务：实现当点击“=”按钮时，程序使用“数学运算（×××）”积木计算结果，之后让编程猫说出该结果。教师展示程序代码，如图11–3所示。学生尝试编写程序。

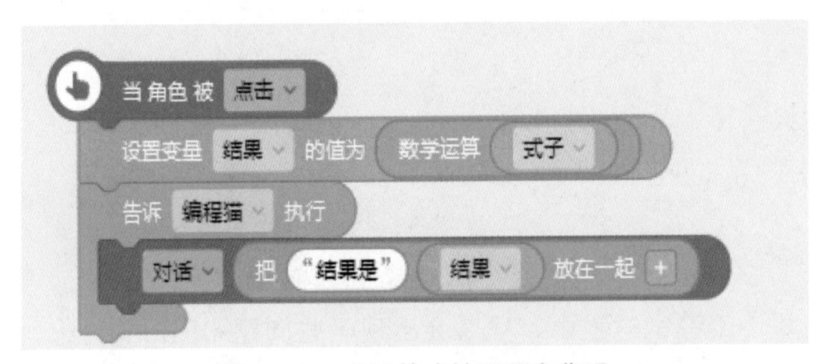


图 11–3　求运算式结果程序代码

### 子任务四：实现“退格”功能

（1）为增加计算器的功能性，增加返回按钮，教师布置任务：实现计算器中的退格功能。教师提示：退格功能就是将文本型变量的文本的最后一个字符去掉，所以应该先判断文本型变量的字符长度，通过减少字符串长度实现退格功能。程序代码如图11–4所示。

（2）学生实现退格程序，也可进一步探究是否还有其他方式实现退格功能。

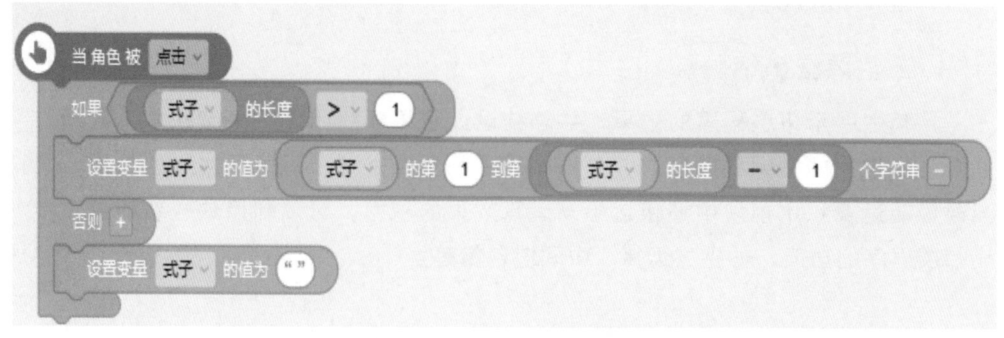


图 11-4　退格效果程序代码

角色被点击时，消除变量的最后一个字符串，如果变量的字符串长度小于1，则变量的值为空值。

### 子任务五：实现“清空”功能

（1）为进一步增强计算器的功能性，教师提出新要求：增加“清空”功能，实现快速清空所输入的式子。教师引导学生认识到清空就是使“式子”变量为空内容，展示程序代码如图 11-5 所示。

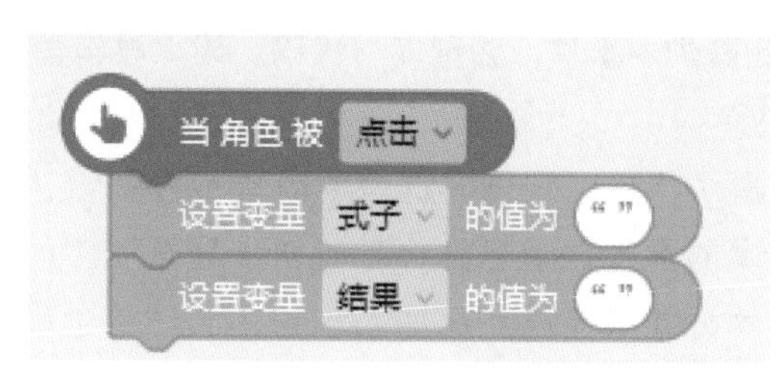


图 11-5　清空效果程序代码

（三）知识拓展，合作创新

### 子任务六：解决计算器使用中的问题

在计算器使用调试过程中，程序会出现一些问题（Bug），比如以下的两个问题：

（1）当连续输入两个运算符号时，式子就会无法计算，所以应该对当前式子的最后一位进行判断，看是否是运算符号，如果是运算符号，则无法输入。

（2）每个数字的高位“0”没有意义，所以两种情况下不能输入“0”：当式子为空时；当式子的末尾是一个运算符时。在“0”按钮角色的程序中，应该加入这两个判断。

同学们还可以去探究发现程序中的其他问题，找出问题所在，用合理的算法逻辑加以解决。

三、课堂小结

学生展示拓展程序的效果，并总结设计思路和所用到的关键积木，教师引导学生说出本堂课的收获，并总结本堂课的重点是对“运算积木”的使用。同时说明运算积木模块中还包含不同运算效果的积木，可以利用这些功能进一步扩展程序的功能，如平方运算、中间值存储等。

# 任务十二　列表——趣味编程《商城购物》

## 一、教学分析

### （一）任务分析

本编程任务是在学习完事件、动作、造型积木模块的基础上进一步学习列表积木模块的教学内容，旨在让学生理解添加列表、删除列表等编程概念。为了激发学生的兴趣，本任务以设计日常生活中“商城购物”这一场景作为教学主线，通过体验日常生活中网络购物的过程，认识列表积木并了解列表积木的用法，学会添加列表事件、删除列表事件，尝试编写代码。建议教学学时为 6 课时。

### （二）学情分析

学生已基本掌握了事件、动作、造型的简单编程知识，有一定的角色场景设计能力，具备基本的需求数学思维，且能初步理解程序的控制逻辑。该任务通过模拟网络购物的方式来完成商品加入购物车的结算过程，同时在教学过程中采用了讲授法及任务驱动法等教学方法，可提高学生理解能力，更好地解决教学中学生编程能力差异大的问题。

### （三）教学目标

（1）了解数据积木模块下的列表积木，认识列表积木在程序中的作用，学会列表积木的用法；尝试编写商品加入购物车、移出购物车、结算等功能的程序代码，学会使用添加列表事件来实现将商品添加到购物车。

（2）在设计商品购物编程中，掌握列表积木模块中添加列表、删除列表判断语句的使用方法。

（3）以生动有趣的购物场景为导向，激发编程学习兴趣；通过场景化的设计，将信息科技课与数学等其他学科相融合，并介绍了在网络购物中需要注意的安全问题。

## 二、教学过程

### （一）激发兴趣、导入新课

问题提出：同学们，你们喜欢在网上进行购物吗？让我们一起利用编程体验日常生活中网络购物的操作吧！

启发思考：要在模拟商城中实现购物功能，需要用到一个新的积木模块，引出教学内容“列表积木模块”。

### （二）教师引导，编写程序

#### 子任务一：复习导入角色及舞台设计的知识，添加商城背景、商品、购物车、对错按钮

教师布置任务：自行添加商城背景和角色。参考程序界面如图 12-1 所示。

图 12-1　参考界面

#### 子任务二：认识列表积木，了解列表积木的用法，尝试使用列表积木编写程序

（1）教师提出问题：在网络中进行购物时，需要把所购物品保存到一个列表中，要实现这种效果可使用列表积木吗？教师引导学生确认列表积木的颜色、位置和基本的用法，强调设置列表积木的基本方法和重点、难点。列表可以理解为之前学过的“变量”的有序组合，这些变量通过列表序号形成了联系，可以通过序号读取或存储相应的列表中变量的内容。

（2）学生尝试使用列表积木编写程序设置商品总价钱及数量的初始值：选择“判断对错”角色的脚本，设置商品总价钱及数量的变量分别为 0 和 1，程序代码如图 12-2 所示。

图 12-2　变量初始化

### 子任务三：运用克隆知识，实现将商品价格和名称添加到列表的效果，使商品移动到购物车

（1）教师讲解并演示将商品价格和名称添加到列表的效果，并布置任务：将冰淇淋的价格和商品名称添加到列表。教师展示程序代码，如图 12-3 所示。同理，设置蛋糕、甜甜圈角色的程序代码。

图 12-3　设置列表程序代码

（2）选择“冰淇淋”这一角色，设置冰淇淋移到固定的位置后消失。程序代码如图 12-4 所示。同理，设置蛋糕、甜甜圈角色的程序代码。

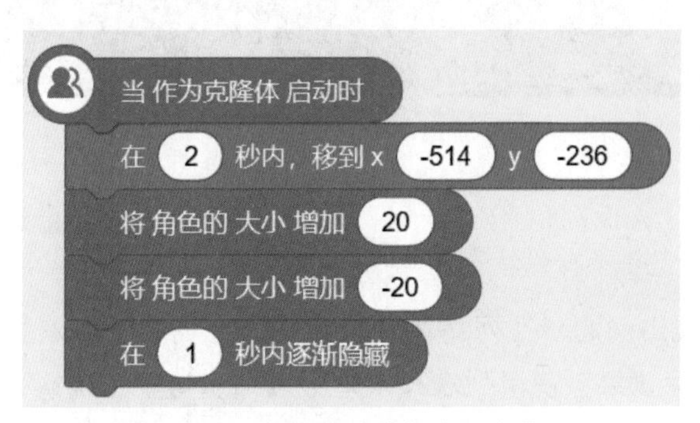


图 12-4　商品放入购物车程序代码

图 12-3 和图 12-4 的代码实现将冰淇淋的价格和商品名称添加到列表，同时冰淇淋移动到固定的位置后消失的效果。

### 子任务四：运用变量和运算知识，计算商品的价格及数量，显示计算结果，请空列表

（1）为了模拟日常生活中网络购物的操作，需要增加购物车的结算效果，

教师布置任务：实现购物车商品价格的结算。提示需要使用到以前学过的“变量”和“运算”知识，程序代码如图 12-5 所示。

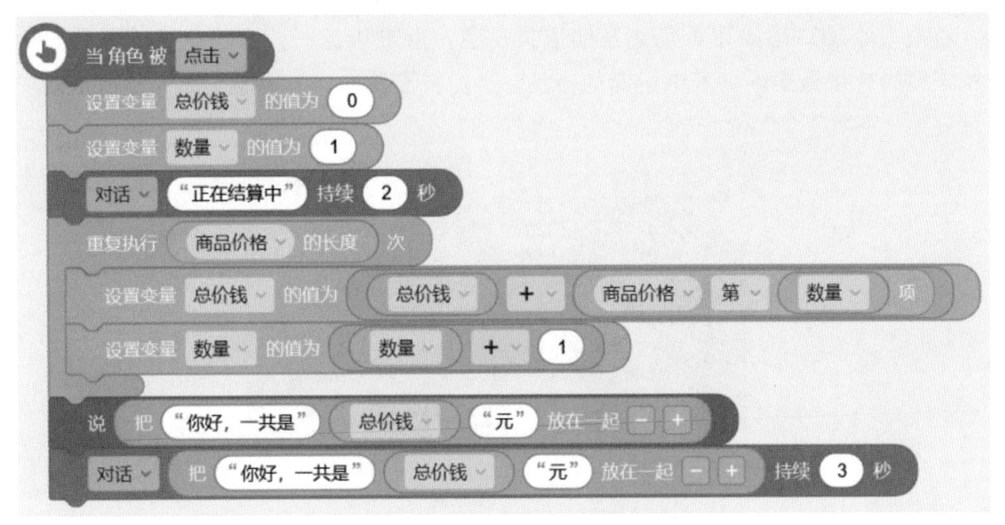


图 12-5　计算并展示购物总价程序代码

根据列表长度累加商品的单价和数量，计算商品的总价格，由对话框显示商品的总价格。

（2）教师提出问题：计算完账单后，账单还存有之前添加的商品价格和名称，如何解决这个问题?

学生分组讨论，结合对列表的认识，得出删除列表所有添加项，实现这一效果程序代码如图 12-6 所示。

图 12-6　结算后清空购物车程序代码

对话框显示商品的总价格后，“清空”列表的商品名称和价格，即删除列表所有项。

### 子任务五：完善程序（添加背景音乐）

（1）教师布置任务：利用之前学过的声音积木，实现背景音乐。程序代码如图 12-7 所示。

图 12-7　背景音乐程序代码

### （三）知识拓展，合作创新

子任务六：实现清空购物车的效果

游戏中添加对错按钮角色或其他道具角色，点击角色时，会产生特殊效果。比如对错按钮的效果是删除列表中选错的商品，当完成删除时，对话框显示“删除成功”。参考程序代码如图 12-8 所示。

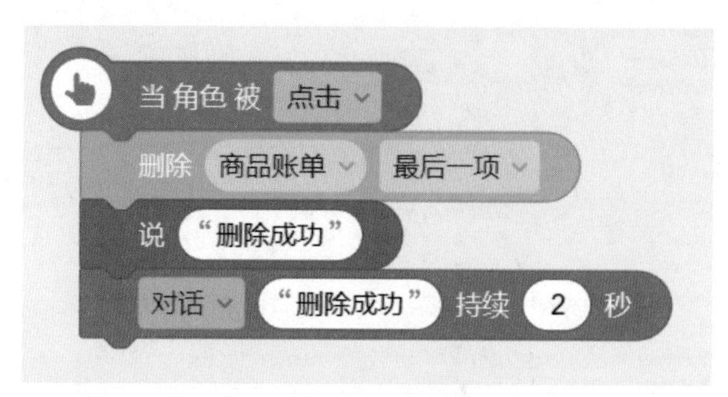


图 12-8　删除商品效果程序代码

## 三、课堂小结

学生展示程序的效果，并总结设计思路和所用到的关键积木，教师引导同学们回顾本堂课的重点是“列表积木”的使用，列表积木能侦测程序中的各种“事件”，比如添加列表事件、删除列表事件，而一个应用往往就需要各种各样的“事件”来完善应用的各种功能。所以运用好列表积木，并设计合理的流程与逻辑，就可以开发出各种各样有趣的应用。

# 第三篇

# 应用综合案例

# 任务十三　趣味编程《加法交换律》

## 一、教学分析

### （一）任务分析

本编程任务根据《义务教育信息科技课程标准（2022 年版）》中对学生计算思维培养的要求而设计，综合应用了控制、变量、列表以及运算等积木模块。程序设计过程包含问题分解、抽象与建模，并通过算法的设计实现《加法交换律》案例。通过本次任务的实现，培养学生自身的计算思维，进一步提高其编程能力。本任务建议教学学时为 6 课时。

### （二）学情分析

学生已理解并掌握源码编辑器中各种积木模块的基本功能，特别是“变量”和“列表”积木模块的使用方法。本任务旨在理解加法交换律，通过小组探究、合作学习和任务驱动来完成编程任务，在学习过程中体验编程的乐趣。

### （三）教学目标

（1）通过对任务的理解与分解，掌握问题分析的能力。

（2）通过一系列的步骤形成解决方案的过程，掌握算法设计的能力。

（3）在设计、实现、完善、优化程序的过程中，掌握应用程序的能力。

## 二、教学过程

### （一）激发兴趣，导入新课

提出问题：同学们是否记得加法交换律这个基础的数学知识？如何将该定律直观地呈现出来呢？

启发思考：同学们能否通过编程实现加法交换律？引出本次教学内容“加法交换律”。

### （二）教师引导，编写程序

#### 子任务一：设计舞台，导入角色

教师布置任务：自行添加画板、笔等角色。可通过搜寻素材库、搜寻网络以及自行绘画等方式来获取合适的背景和角色。舞台布置如图 13-1 所示。

教师提出问题：加法交换律的特征是什么？通过学生讨论分析，得出加法交换律特征：加数相加，交换加数的位置，和不变。

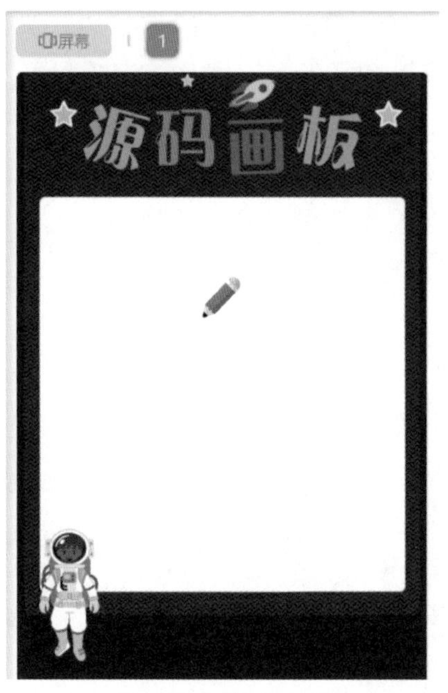

图 13-1　舞台布置

### 子任务二：分析问题，明确程序需求

教师引导学生思考并总结出程序的需求，分为四部分：一是加数位置改变；二是加数是随机取得的；三是多个式子的呈现；四是如何形成完整的式子。程序问题分解如图 13-2 所示。

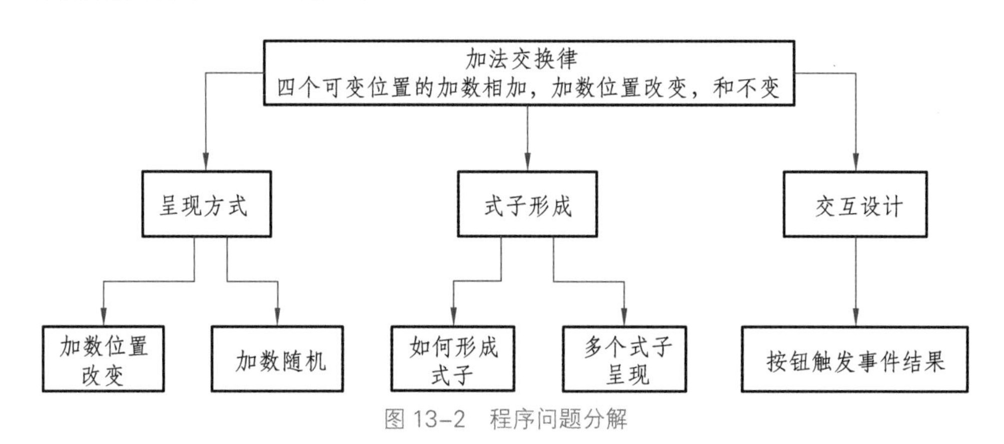

图 13-2　程序问题分解

### 子任务三：总结思路，实现算法

（1）解决随机取数问题，我们需要生成一个数列，数列中有随机的四个一位数，且不能重复。在此基础上引导同学们回忆并思考数列及随机数的用法，

通过共同探究解决这个问题的思路。在随机取数的算法实现中通过循环体现出了模式的规律化运用：每次循环取得一位数字，并且每次循环时，所取的随机数范围将比上一次减少一位数。每次从数列中随机取出一个数字后，将这个数字从数列中删除，避免重复，此时数列的大小刚好对应随机取值的范围。接下来解决式子组成问题，引导学生回忆加法交换律的式子组成，思考如何形成式子来实现数与数的相加。该算法的实现是在临时变量的值后带加号与随机产生的四位数依次相加形成式子。程序代码如图 13–3 所示。

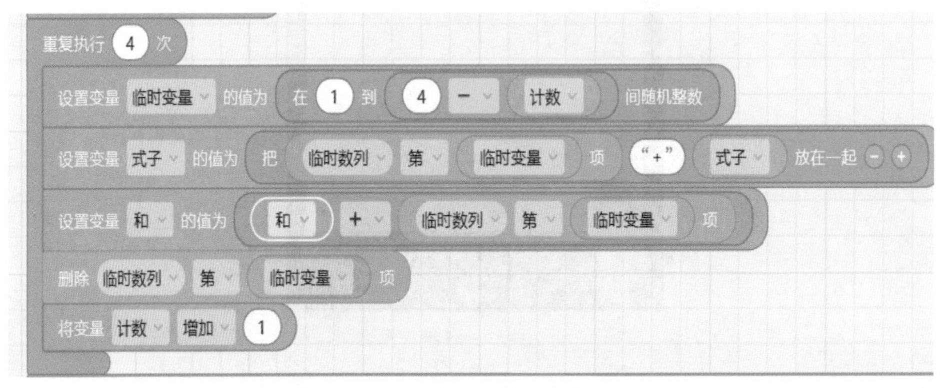


图 13–3　随机取数程序代码

（2）教师引导学生思考解决变量及列表的设置问题，对该程序需求的变量及列表进行定义设置：全局变量有四个，分别是和、临时变量、式子和计数；全局列表有两个，分别是整数数列和临时数列，如图 13–4 和图 13–5 所示。

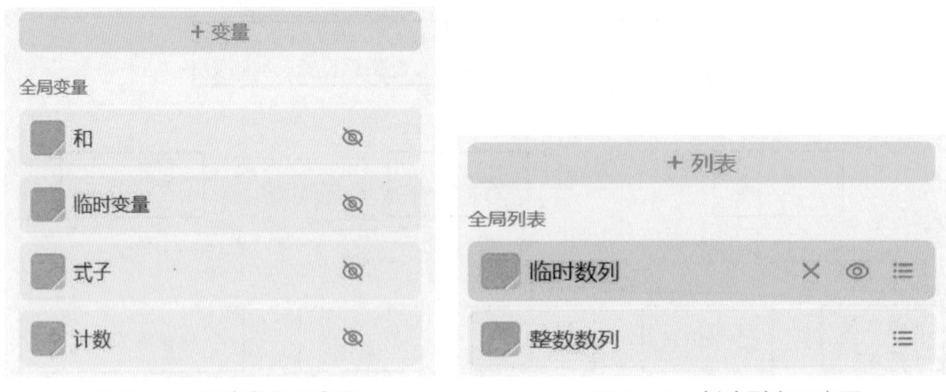


图 13–4　创建变量示意图　　　　图 13–5　创建列表示意图

（3）引导学生发现在式子组成后会出现式子长度的问题，通过共同探究得到解决该问题的思路。临时变量的四位取数在依次相加后应减去多余的数及所带的加号，即在四位数相加后需减去两个字符串再加上相应的等号（=）与和才能实现完整的式子。程序代码如图 13–6 所示。

图 13-6　完整式子实现程序代码

（4）教师提出问题：如何实现列表的复制？引导学生回忆取数过程，得出解决问题的思路是：依次取 4 次数进行复制，每次复制 1 项，重复执行 4 次便可得到“临时列表”中的 4 项整数。实现代码如图 13-7 所示。

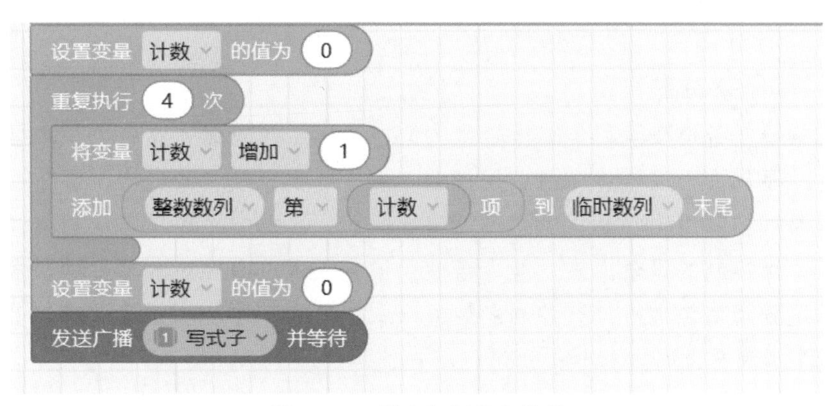

图 13-7　列表复制程序代码

（三）知识拓展，合作创新

### 子任务四：实现乘法交换律

在加法交换律的基础上，实现乘法交换律。乘法交换律的特征与加法交换律是一致的：乘数相乘，交换乘数的位置，积不变。同样可分析程序的需求，从而实现乘法交换律的程序。

### 子任务五：评价学生作品

（1）教师选出两个优秀作品。

（2）入选作品小组展示作品并介绍在程序编写过程中遇到的难点以及解决问题的关键。

（3）对优秀作品给予称赞和鼓励。

（4）让未完成程序的小组提出遇到的问题，教师进行答疑解惑，引导同学解决问题，并给予肯定。

## 三、课堂小结

学生总结程序设计的思路、编写过程的难点以及对重点内容的掌握理解。

教师引导回顾本次任务，指出本次任务重点为熟练掌握源码编辑器中“变量”及“列表”的使用方法，巩固加法交换律的数学理论知识，并强调本次任务中涉及的计算思维方法，让学生初步体验如何将一个问题进行抽象、建模、程序算法设计，并最终转化为计算机可解决的工作任务。学生只有具备计算思维能力，才能通过编程解决更多更复杂的现实问题。

# 任务十四　趣味编程《控制电梯》

## 一、教学分析

### （一）任务分析

本编程任务是在学习了编程基础案例，掌握了源码编辑器各个积木模块基本功能的基础上，进一步综合应用控制、事件等积木模块的内容，旨在让学生理解复杂的控制逻辑。学生通过模拟电梯的运行，学会循环与条件判断嵌套使用以及中断控制的设置方法，能综合使用控制积木、事件积木等多种积木编写程序，达到对角色进行复杂控制的效果。本任务由于涉及的知识点比较多，建议教学学时为6课时。

### （二）学情分析

学生已经掌握了源码编辑器各个积木模块的基本功能，有较强的角色场景设计能力，具备一定的规则意识，能较好地理解程序控制逻辑。该任务通过小组探究合作学习和任务驱动来完成《控制电梯》案例开发，使学生在学习过程中体验到编程的乐趣。

### （三）教学目标

（1）通过对控制积木模块下重复执行类积木与条件判断类积木嵌套使用，初步掌握复杂控制的实现方法；配合使用事件积木与控制积木，学会设置中断控制。

（2）通过控制电梯的实际应用，能对现实问题进行抽象、建模及编程，体会信息技术与现实生活密不可分，提高计算思维能力。

## 二、教学过程

### （一）激发兴趣，导入新课

问题提出：同学们平时都会乘坐电梯，可以举例说明电梯是如何运行的吗？

启发思考：同学们能否通过编程来对电梯的运行控制进行简单的模拟？引出本次教学内容“控制电梯”。

（二）教师引导，编写程序

### 子任务一：设计舞台，导入角色

教师布置任务：自行添加电梯相关背景和角色，可通过搜寻素材库、搜寻网络以及自行绘画等方式来获取合适的背景和角色。舞台布置如图 14-1 所示，设置 5 层楼，并在第 3 层设置电梯的上、下及启动控制按钮。

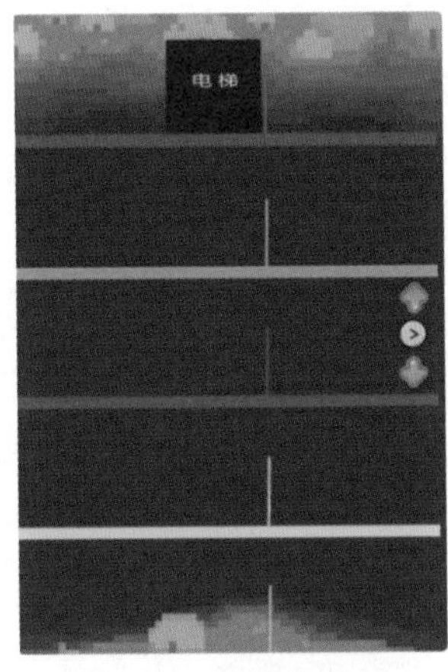

图 14-1　舞台布置

### 子任务二：启动电梯，实现电梯上下往复运动

（1）教师提出问题：电梯的运动状态如何？有何特点和限制？

学生分组讨论，得出电梯的运动模式：上下往复运动且不能超过上下舞台的边界。教师布置任务：运用已掌握的动作积木模块、控制积木模块等，使电梯在 5 层楼间上下往复运动。程序代码如图 14-2 所示，通过检测舞台边缘限制电梯的运动范围。

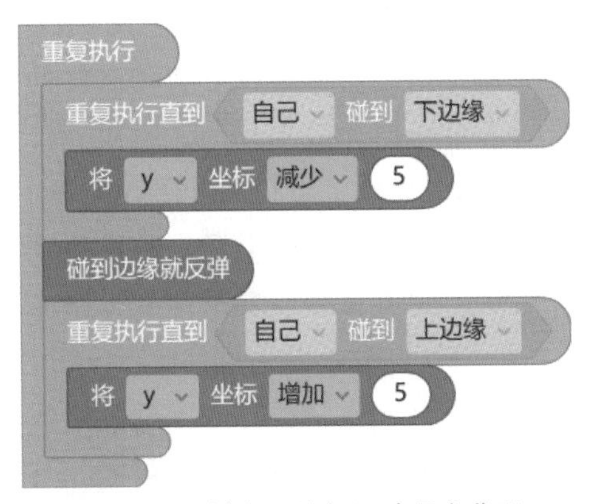

图 14-2　电梯上下往复运动程序代码 1

（2）查看电梯运动效果，发现电梯碰到舞台上边缘再返回与实际运行状态不符，应改为当电梯下边缘与5层楼板上边缘齐平时，返回往下运动。教师可引导学生分析如何确定电梯下边缘与5层楼板上边缘齐平的位置，可通过坐标实现。本例中电梯在5层的y坐标为345。学生自行通过设置坐标实现电梯精确定位。修改后的程序如图14-3所示。

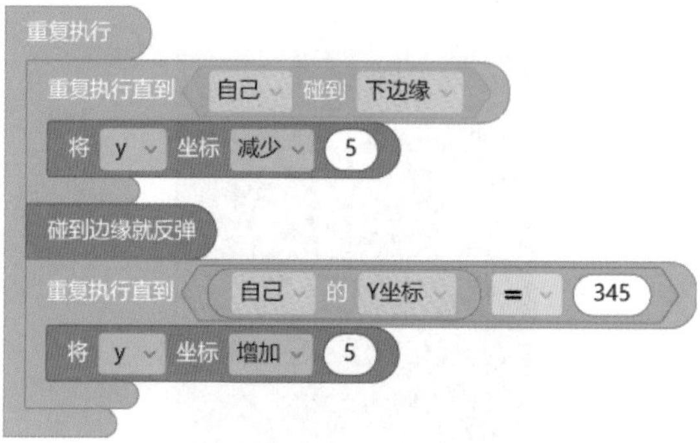

图14-3 电梯上下往复运动程序代码2

子任务三：设置按钮，控制电梯启停

（1）教师引导学生思考，得出在程序中按钮通过事件积木“当自己被点击”来响应鼠标点击，实现按下功能。通过给电梯发送广播，实现按钮按下这一动作的传递。教师布置任务：点击3层向上按钮，实现电梯停止的效果。程序代码如图14-4所示。通过应用事件积木模块中的“停止当前角色其他脚本”积木块来实现。

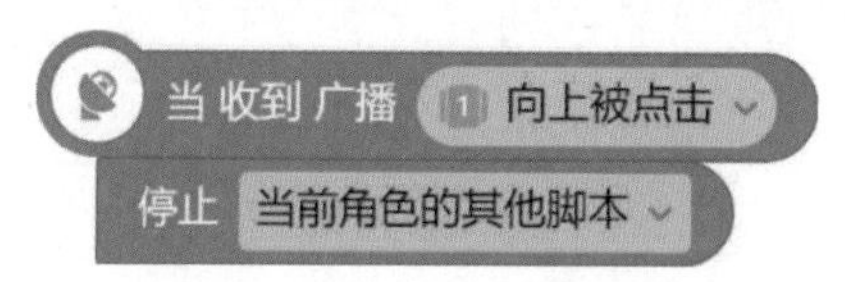


图14-4 设置广播程序代码

（2）为了让电梯控制与现实符合，找出电梯运行的基本规则，教师提出问题：当点击3层的向上按钮时，正在运行的电梯会有什么样的反应？学生小组思考并讨论，并在教师的引导下总结出此时电梯的运行规则：第一种，当电梯向上运行且未运行到3层时，电梯继续向上运行到3层并停驻；当点击启动按钮时，电梯会继续向上运行。第二种，当电梯向上运行且已超过3层时，电梯将会继续向上运行到5层，然后反向向下运行到3层停驻；当点击“启动”按钮，电梯反向变为向上运行。同理，分析出点击3层的向下按钮时电梯的运行规则。

（3）根据分析所得电梯运行规则，教师布置任务：实现点击3层向上的按钮，电梯不会立即停止，而是运行到3层才停止这一效果。可提示学生，需要使用控制积木模块中的“保持等待直到（×××）”积木块，电梯3层停驻的位置通过坐标实现，本例子中电梯在 3 层的 y 坐标为 −25。程序代码如图 14−5 所示。同理，设置点击 3 层向下的按钮后电梯运行停驻的脚本。

图 14−5　电梯指定楼层停驻程序代码

（4）教师进一步引导学生思考：根据之前分析的电梯运行规则，当 3 层向上的按钮被点击，电梯运行到 3 层并在 3 层停驻，此时点击电梯启动按钮，电梯应该恢复运行，运动方向为向上运动，与向上按钮所表示的方向保持一致，如何在已有的程序上进行修改以实现这一效果？此时的要点为：实现点击启动按钮启动电梯，电梯启动后的运动方向应与向上、向下按钮所表示的方向一致。学生尝试写出相应程序代码，教师辅助学生进行调试修改。程序代码如图 14−6 和图 14−7 所示。

图 14−6　电梯恢复运行程序代码 1

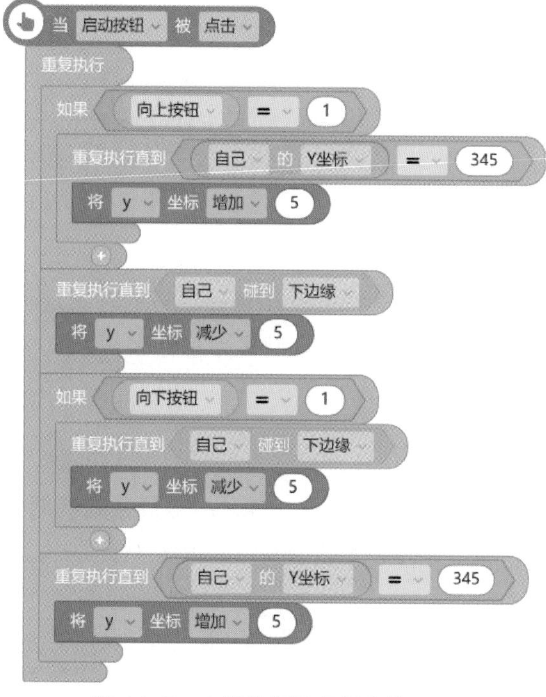


图 14−7　电梯恢复运行程序代码 2

程序中应用事件积木模块中的“当启动按钮被点击”实现电梯启动。创建变量“向上按钮”和“向下按钮”表示向上、向下按钮的点击状态，用于条件判断。当“向上按钮”值为 1 时，表明按下了向上按钮；当“向下按钮”值为 1 时，表明按下了向下按钮。通过对控制积木模块中条件判断类积木块与重复执行类积木块嵌套使用，实现电梯重启后的运动方向与向上、向下按钮所表示的方向一致。教师此时指出，实现电梯运行、停止、恢复继续运行这一过程的程序即为中断控制，并强调中断控制和嵌套使用控制积木块为本次编程任务学习的重点。

子任务四：美化程序（添加音效）

教师布置任务，让学生利用之前学过的声音积木，实现按钮点击音效。程序代码如图 14-8 所示。

图 14-8　按钮点击音效程序代码

（三）知识拓展，合作创新

子任务五：实现多层楼的按钮控制

程序中可在第三层以外的其他楼层添加对应的电梯上、下以及启动按钮，进一步模拟真实的电梯控制情景，使程序更为完善。

子任务六：评价学生作品

（1）通过学生投票推选，选出两个优秀作品。

（2）入选作品学生展示个人作品并介绍自己在程序编写过程中遇到的难点以及克服的过程。

（3）对学生推选出的优秀作品给予一定的称赞和鼓励。

（4）让未完成程序的同学和在编写程序中遇到问题的同学发表自己的疑惑，教师进行答疑解惑，引导同学们解决问题，并给予一定的肯定。

## 三、课堂小结

学生总结程序设计的思路、编写过程中的难点以及对重点内容的掌握理解程度。教师引导学生回顾本次任务的程序编写过程，并强调重点是控制程序的嵌套使用以及中断程序的编写和使用。只有掌握好各个积木模块的基本功能，做好各积木模块之间的搭配使用，才可以做出更复杂、更有趣的作品。

# 任务十五　趣味编程《飞机大战》

## 一、教学分析

### （一）任务分析

本编程任务是在学习完事件、控制、动作、造型、侦测、运算、变量积木模块的基础上进一步学习组合积木模块的教学内容，其目的是让学生理解侦测事件、组合程序等概念。本任务以设计《飞机大战》案例为教学主线，在吸引学生兴趣的同时激发他们对学习的热情。通过体验飞机在接触不同类型武器、宠物并打败敌方取得胜利的过程，使学生认识到如何将不同类别的积木模块下的积木进行组合（以下简称组合积木），学会设置武器、随从、战斗系统的程序并尝试编写代码。本任务由于涉及的知识点比较多，建议教学学时为 10 课时。

### （二）学情分析

学生已基本掌握动作、造型、侦测、运算、变量等积木的基本功能，具备基本的角色场景设计能力和需求分析能力，能通过程序展现自己的想法，并且初步理解程序的控制逻辑。该任务通过设计游戏中敌我双方的攻击系统来完成双方飞机进行大战的过程，同时在教学过程中采用了任务驱动法和点拨法等教学方法来完成教学内容，可以更好地吸引学生对编程的兴趣，同时提供一个展现学生想法的舞台。

### （三）教学目标

（1）以敌我双方飞机大战游戏为任务驱动，掌握控制积木与侦测积木的组合用法，事件积木与控制积木的组合用法；能运用鼠标与键盘侦测事件并完成飞机运行的操作；逐步掌握组合不同模块时产生的程序联动、事件触发的方法。

（2）通过设计敌我双方交互的程序，提升综合解决信息技术问题的能力；设计不同子弹的触发代码、随从系统，以控制积木与侦测积木的组合运用解决不同的问题情景，进一步提升发散性思维与想象能力。

（3）以开放式游戏为问题情景，进一步强化编程兴趣及探究动力，促进计算思维与数学思维融合发展。

## 二、教学过程

### （一）激发兴趣、导入新课

问题提出：同学们玩过游戏《雷霆战机》吗？今天我们来制作属于自己的《飞机大战》游戏。

情景导入：以双方飞机进行战斗为背景，综合运用编程猫中的各个积木模块，完成若干任务，制作属于自己的“雷霆战机”。

### （二）教师引导，编写程序

#### 子任务一：复习导入角色及舞台设计的知识，完成背景、角色的添加

（1）教师提出问题：如何使用素材库自定义添加背景和角色？

（2）教师布置任务：从素材库添加背景和角色。参考程序界面如图 15–1 所示。

图 15–1　参考程序界面

#### 子任务二：复习外观积木，完成向导与介绍游戏规则的设计

（1）教师提出问题：如何使用积木建立对话框？学生尝试说出外观积木的颜色、位置和基本用法，教师强调外观积木的用法与难点。

（2）学生自行尝试根据游戏按键设计相对应的向导进行说明。

运用外观积木中的“在（×××）秒内逐渐显示 / 隐藏”来尝试设计出场与

退场动画，对游戏的操作内容进行介绍，程序代码如图 15-2 所示，参考程序界面如图 15-3 所示。

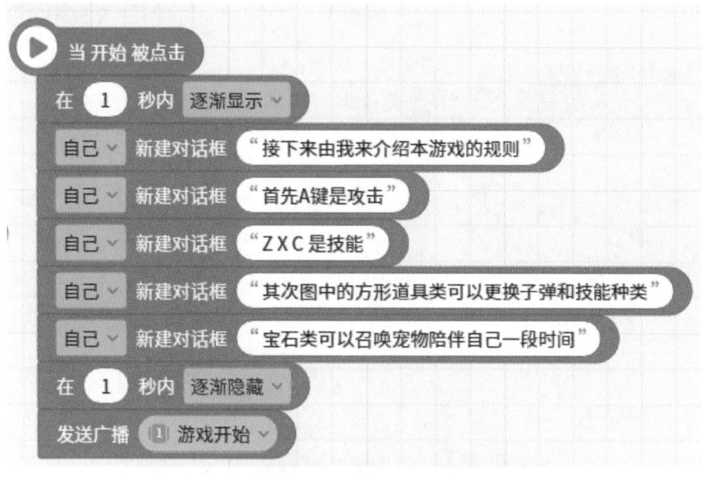


图 15-2　游戏向导对话程序代码

图 15-3　游戏场景向导对话效果

### 子任务三：复习事件、控制、动作与变量积木，完成我方飞机的移动、攻击方式与技能释放的设计

（1）教师提出问题：如何让飞机移动？飞机如何进行攻击？飞机如何拥有酷炫技能？

（2）教师进行引导，学生进行自由讨论。

（3）学生尝试将事件、控制、动作等积木进行组合以达到预期效果。

① 设置鼠标移动。

将控制与动作积木进行组合，实现以鼠标来控制角色的移动（如“重复执行”与“移到鼠标指针”），程序代码如图 15-4 所示。

② 设置按键攻击。

在运用控制积木的同时加入事件积木，实现以键盘按键来控制角色的攻击（如“当按下 A”“等待 0.1 秒”“克隆自己”），程序代码如图 15-5 所示。

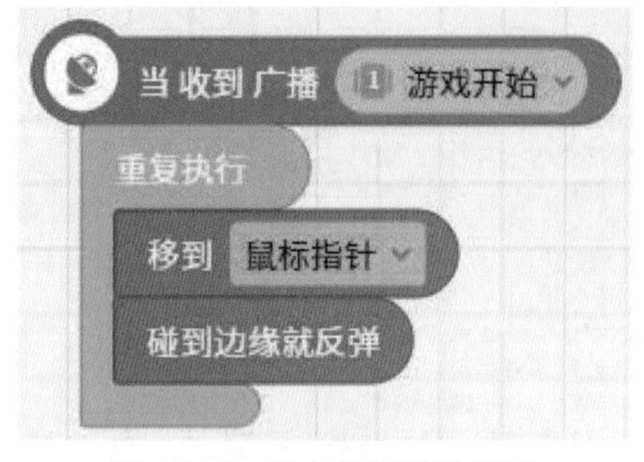


图 15-4 角色控制移动代码

图 15-5 角色攻击指令代码

③ 设计技能释放。

在前面的基础上，加入变量积木，设计技能弹幕成为指定的数量来决定技能强弱，同时决定了技能的释放次数（如“当按下 Z”“将变量 z 减少”），程序代码如图 15-6 所示。也可尝试设计不同的技能，程序代码如图 15-7 和图 15-8 所示。

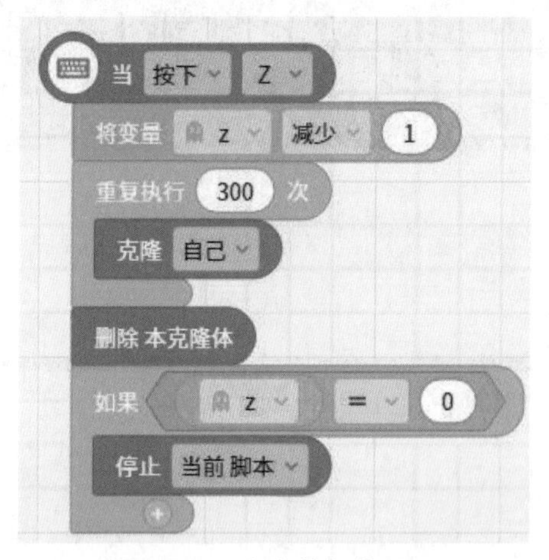


图 15-6 角色技能代码 1

图 15-7 角色技能代码 2

图 15-8 角色技能代码 3

### 子任务四：复习控制、动作、外观与变量积木，完成敌方飞机出场与反派（BOSS）出场、技能特效的设计

（1）教师进行引导：设计敌方多个小飞机的出场时间与出场顺序。运用事件积木为小飞机设定出场时机，动作积木设定移动速度与角色阵营，学生尝试编写代码，程序代码如图 15-9 所示。

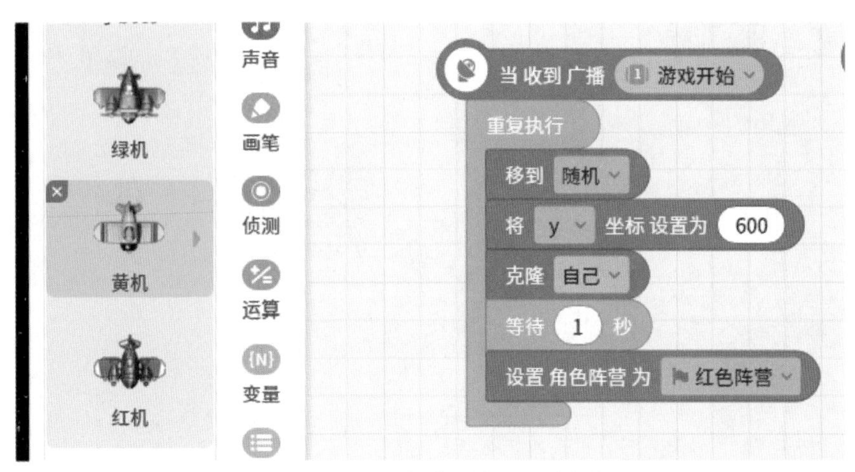


图 15-9　敌方飞机出场位置、阵营代码

（2）设计最终 BOSS/ 小 BOSS。

① BOSS 登场与被击败退场。

组合控制与动作积木，设计 BOSS 的出场条件与击败 BOSS 后的退场动画 [ 如“重复（ ××× ）次”“将 y 坐标增加 / 减少（ ××× ）”]，程序代码如图 15-10 所示。同时利用动作积木设计 BOSS 的移动速度，程序代码如图 15-11 所示。

图 15-10　大 BOSS 出场代码

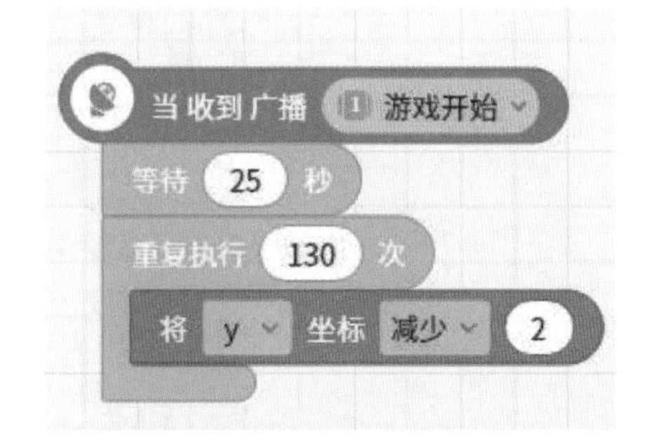


图 15-11　小 BOSS 退场代码

② 教师提供方向，学生分组进行讨论，并尝试设计 BOSS 的攻击方式。

运用不同的积木进行组合，如事件积木可用于决定技能的发生条件，控制积木决定技能释放间隔，动作积木决定技能释放速度，外观积木决定技能释放动画等，程序代码如图 15–12 所示。

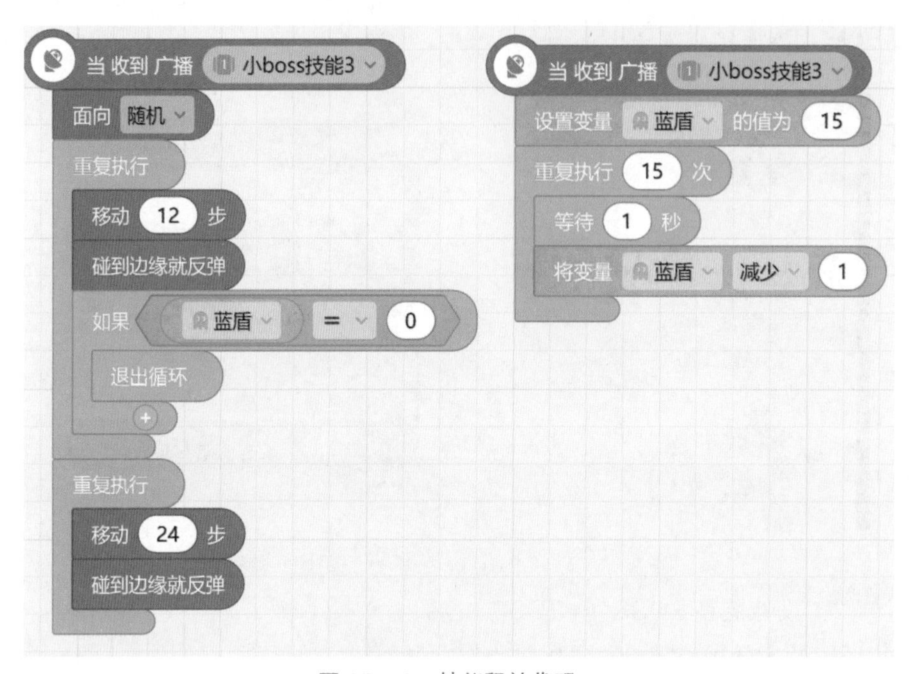


图 15–12　技能释放代码 1

通过“在（ ××× ）秒内逐渐隐藏”与“在（ ××× ）秒内逐渐显示”结合，达成闪烁的效果，程序代码如图 15–13 所示。

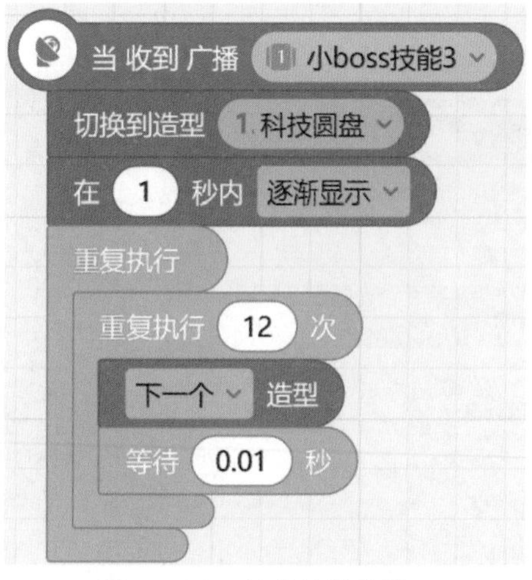


图 15–13　技能特效代码 2

变量积木可用作技能剩余时间计时[如“设置变量（×××）的值为（×××）”]，通过控制积木中的“重复执行”与“等待（1）秒”和变量积木中的“将变量（×××）减少（×××）”结合，达成读秒的目的。素材选取如图15-14所示。

图15-14　技能特效贴图

（3）复习侦测、变量积木，完成设计我方飞机与BOSS的血量。

将侦测积木、变量积木与基础积木进行组合，侦测积木用来设计BOSS的受击反馈，变量积木用来设计BOSS的血量[如“（显示）变量（小BOSS）”“设置变量（小BOSS）的值为（10000）”，见图15-15]与BOSS血量的增减[如“如果（自己）碰到（子弹技能组）”“将变量（小BOSS）（减少）（1）”]，基础积木用来与运算积木设计BOSS失败的条件[如“如果（血条）（=）（0）”则“退出循环”，见图15-16]，结合①中BOSS的登场/退场的条件与动画，完成设计。

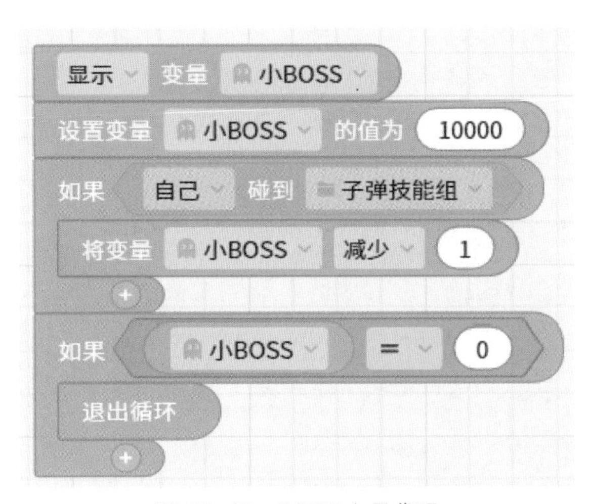


图15-15　BOSS血量代码

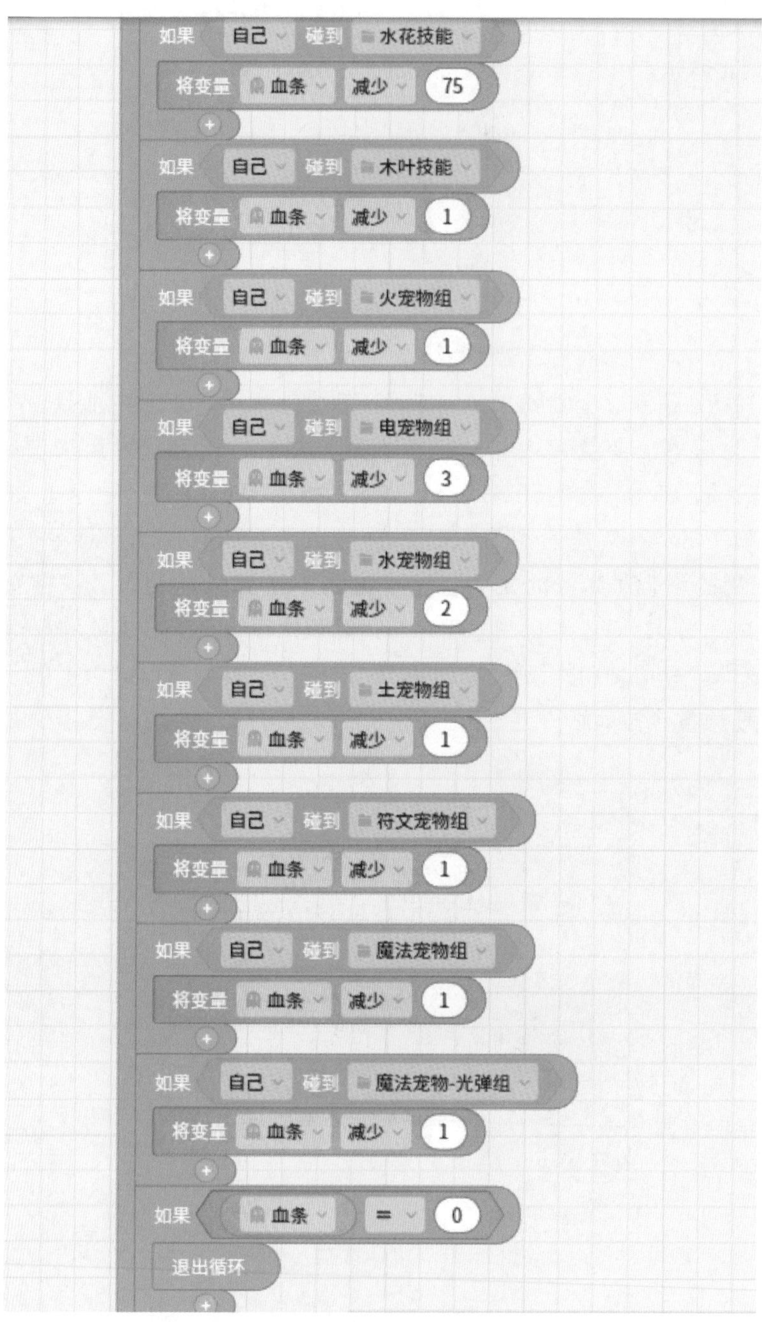


图 15-16　BOSS 受击反馈代码（部分）

积木组合设计的最终效果，如图 15-17 和图 15-18 所示。

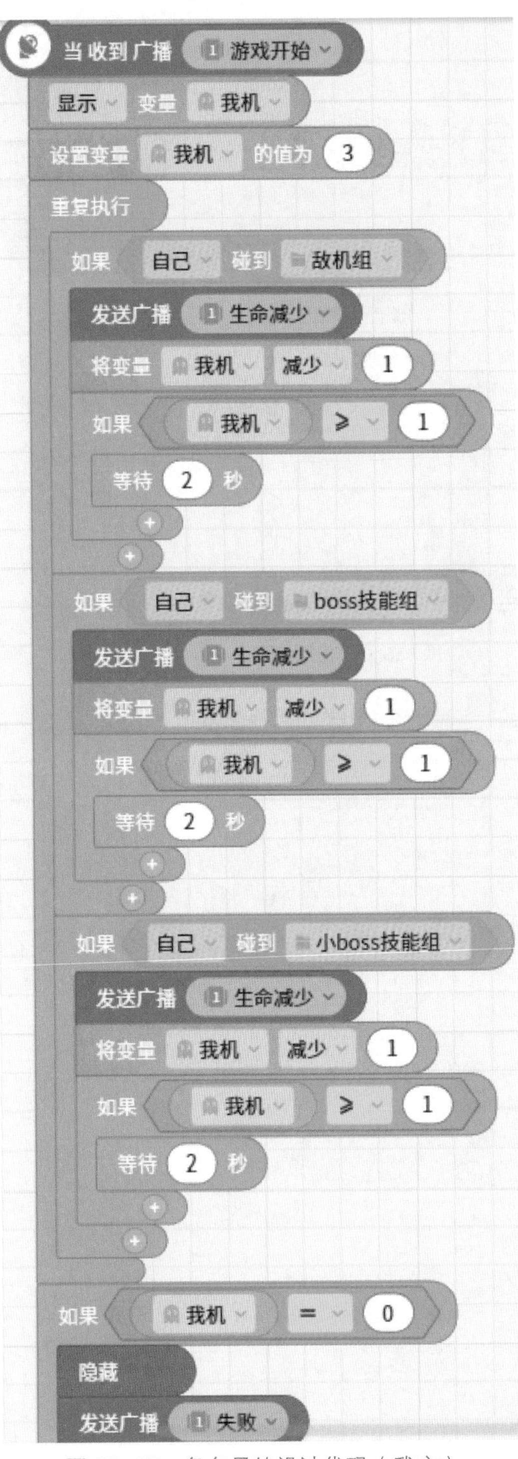


图 15-17　角色最终设计代码（我方）

```
当收到广播 游戏开始
等待 25 秒
重复执行 130 次
    将 y 坐标 减少 2
显示 变量 小BOSS
设置变量 小BOSS 的值为 10000
重复执行
    碰到边缘就反弹
    移动 1 步
    如果 自己 碰到 子弹技能组
        将变量 小BOSS 减少 1
    如果 自己 碰到 子弹组
        将变量 小BOSS 减少 1
    如果 自己 碰到 子弹技能
        将变量 小BOSS 减少 1
    如果 小BOSS = 0
        退出循环
发送广播 小boos被击败
等待 0.5 秒
重复执行 250 次
    将 y 坐标 增加 0.5
隐藏 变量 小BOSS
隐藏
```

```
当收到广播 游戏开始
等待 30 秒
发送广播 小boss技能1
```

图 15-18　BOSS 最终设计代码（敌方）

### 子任务五：复习事件、侦测积木，完成子弹与飞机之间的受击反馈系统与游戏胜负界面的设计

（1）教师提出问题：哪个积木可以判断子弹是否击中飞机？学生尝试回答侦测积木的用途，教师引出任务要点。

① 尝试在子任务三－（3）的基础上，运用侦测积木，设计在侦测到子弹击中敌方飞机之后删除自身的程序［如“如果（自己）碰到（敌机组）”“删除本克隆体”］，程序代码如图 15-19 所示。

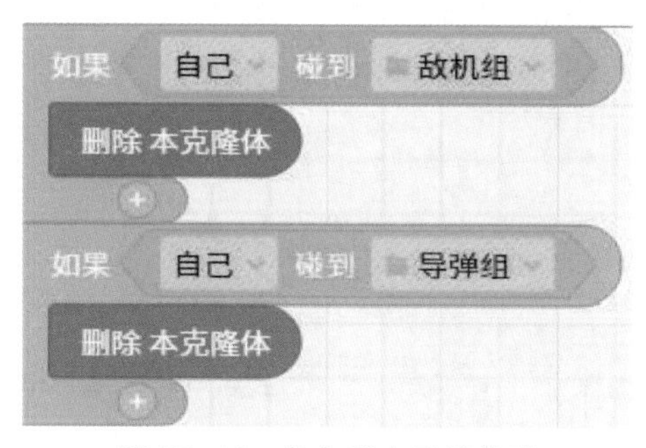


图 15-19　角色受击反馈代码

② 设计小飞机受到攻击之后的反馈。

在子任务四－（2）的基础上，设计小飞机在判定自己被子弹击中时触发受击反馈，删除自身的程序［“如果（自己）碰到（子弹技能组）”“删除本克隆体”］，原理同①，程序代码如图 15-20 所示。以下所有攻击受触反馈均如此设计，程序代码如图 15-21 所示。

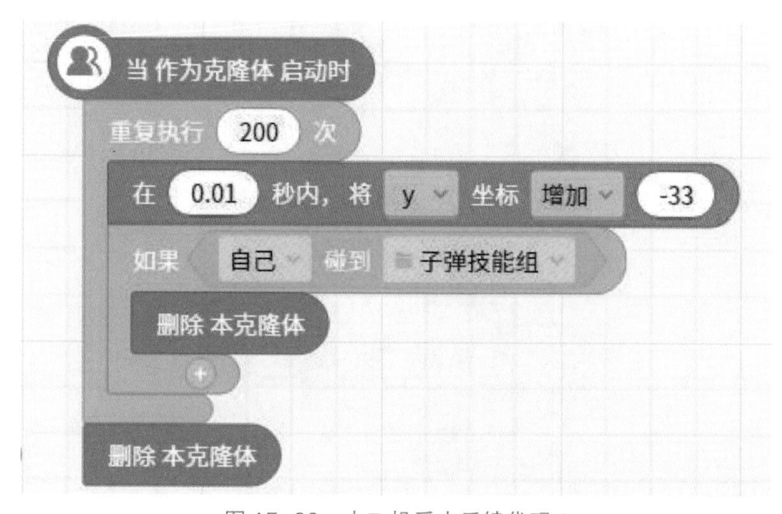


图 15-20　小飞机受击反馈代码 1

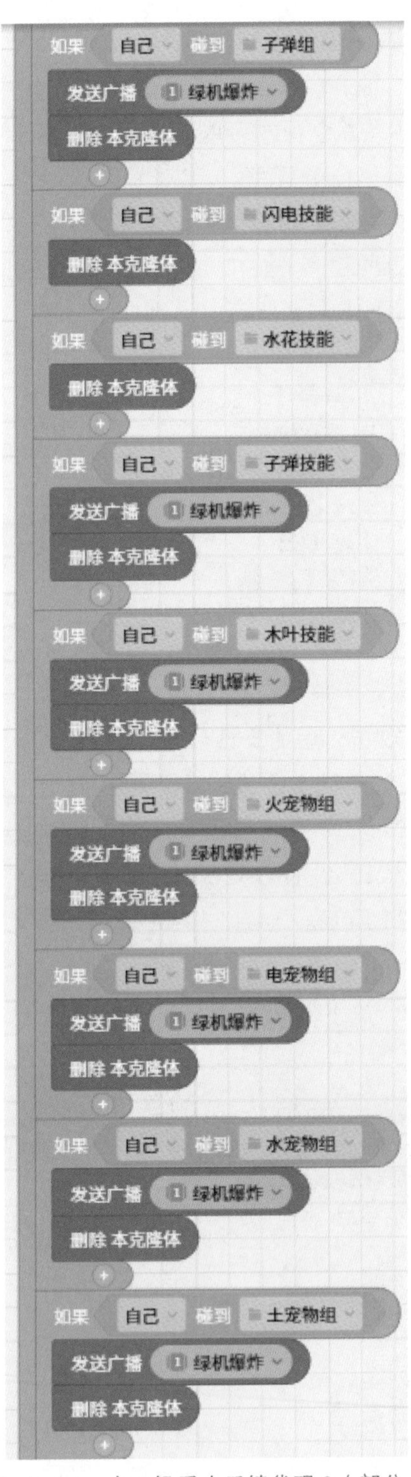


图 15-21　小飞机受击反馈代码 2（部分）

（2）设计游戏胜利 / 失败动画。

尝试运用事件与外观积木，设计当飞机的生命值为零时的失败动画 [ 如“当收到广播（×××）”“在（×××）秒内（逐渐显示 / 隐藏）”]，参考程序界面如图 15-22 所示。敌方 BOSS 生命值为零时游戏胜利，参考程序界面如图 15-23 所示。

图 15-22　失败画面效果

图 15-23　胜利画面效果

### 子任务六：综合运用积木组合，完成各类技能与宠物的设计

教师提供方向并引导（如不同类别的子弹、技能和宠物），学生发挥想象，尝试设计具有自己独特风格的子弹与宠物。

（1）设计不同类型的子弹与技能。

在子任务三 -（3）的基础上，运用外观积木来尝试设计切换不同子弹的类型 [ 如“切换到造型（×××）”]，角色造型如图 15-24 所示。运用不同积木并结合图 15-29 所示的道具素材来进行组合，设计子弹类型切换的条件与释放技能的条件，如在拾取到道具时触发程序“当收到广播（×××）”来切换子弹类型或释放技能，角色造型如图 15-25 所示。运用控制、外观积木设计技能的释放动画，如用“重复执行（×××）次”“（下一个）造型”来决定技能释放的频率并决定技能强度，程序代码如图 15-26 所示。

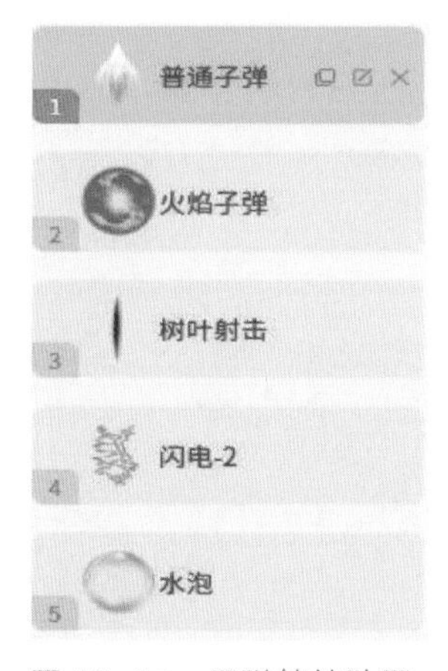


图 15-24　子弹特效贴图

图 15-25　技能特效贴图

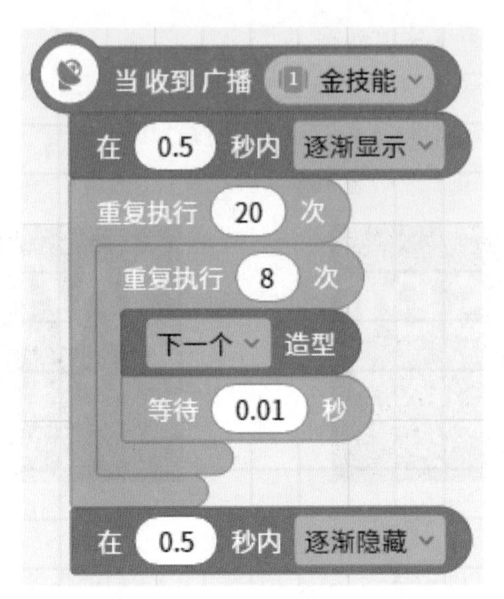


图 15-26　技能特效程序代码

（2）设计宠物。

运用事件、控制、动作积木并结合图 15-30 所示的道具素材，设计宠物的出场条件，运用外观积木设计宠物的动画效果 [ 如“（下一个）造型”]；运用变量积木设计宠物的出场时间，程序代码如图 15-27 所示；运用事件积木设计宠物的出场条件，并与变量、控制、运算积木组合设计宠物退场时释放技能的条件 [ 如当“重复执行直到（星能猫）（=）（0）”时，“发送广播（魔法宠物技能）”]，程序代码如图 15-28 所示。

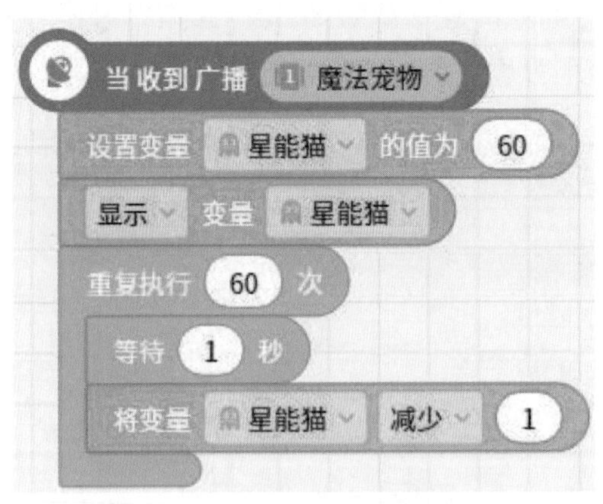


图 15-27　宠物持续时间程序代码

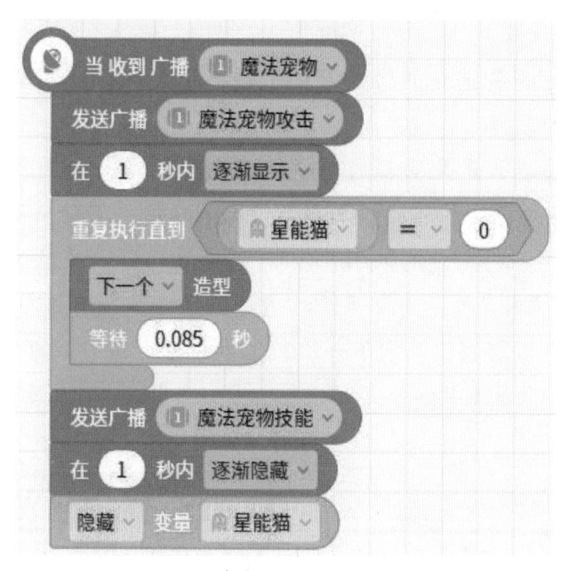


图 15-28　宠物攻击、释放技能代码

（3）设计拾取的道具。

运用事件、控制、动作积木，设计决定道具的出场条件、位置与速度，运用侦测、控制与事件积木来设计道具的触发效果，素材选取如图 15-29 和图 15-30 所示。并设计当己方拾取到道具时触发程序[“如果（自己）碰到（我机）”，则“发送广播（水技能）”并“删除本克隆体”]，程序代码如图 15-31 所示。

图 15-29　技能释放道具贴图（子弹类）

图 15-30　宠物召唤道具贴图（宠物类）

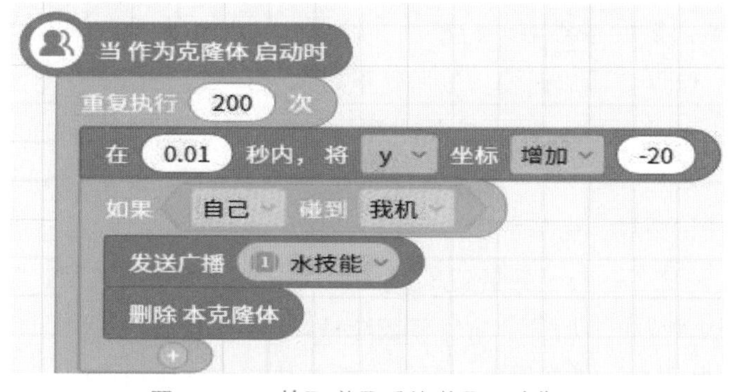


图 15-31　拾取道具后的道具互动代码

（4）设计魔法阵。

魔法阵可作为宠物退场时释放技能的过场动画，用于提醒玩家接下来将要释放哪一个宠物的技能。

运用事件积木，设计出场条件 [ 如“当收到广播（符文宠物技能）”]，随后运用动作与外观积木，设计魔法阵的释放动画 [ 如“旋转（30）度”“在（1）秒内（逐渐显示）”“将角色的大小（增加 / 减少）（×××）”]，或通过运用“在（1）秒内（逐渐隐藏 / 显示）”来制作闪烁效果。素材选取如图 15-32 所示。随后用外观积木进行复原，以便下一次技能的释放 [ 如“将角色的大小（减少）（400）”]，程序代码如图 15-33 所示。

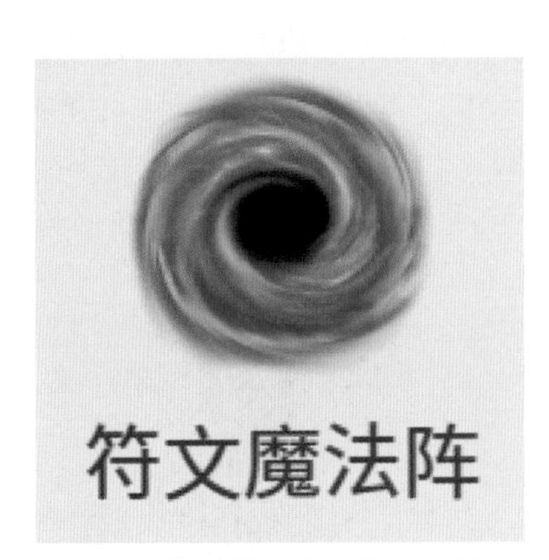


图 15-32　拾取道具后的道具互动代码

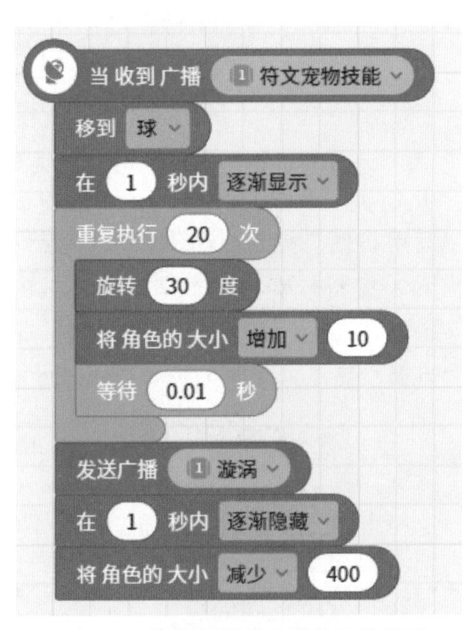


图 15-33　拾取道具后的道具互动代码

（5）设计魔法。

在设计魔法阵的基础上，将事件、控制、动作积木进行组合，并设计技能的出场条件、位置与释放速度。运用外观积木设计技能的出场 / 退场动画，将控制积木与外观积木结合，设计技能的释放动画 [ 如“重复执行（60）次”“将角色的大小（增加 / 减少）（×××）”]，程序代码如图 15-34 所示。

（三）知识拓展，合作创新

（1）在子任务六与子任务四的基础上，学生分组进行拓展，讨论更多独特的技能与随从，或再添加多个角色与技能特性。

（2）教师引导，学生思考如何开发新的功能，以增加游戏性。

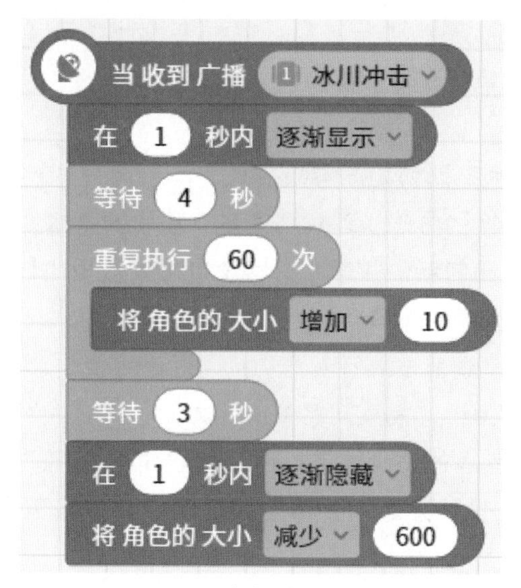


图 15-34　宠物技能释放代码

## 三、课堂小结

学生展示拓展程序的效果，并对整个设计思路、过程进行总结。教师在点评中对学生进行引导与鼓励。在完成游戏的设计时，学生能体验到展现自我想法的快乐，并激发对编程、计算思维的热爱，同时对于游戏作品的分享欲也逐步加强，并尝试将游戏作品与朋友分享，收获成就感。

# 任务十六　趣味编程《水果切切切》

## 一、教学分析

### （一）任务分析

本编程任务是在学习完事件、控制、动作、运算等基础知识之上进一步学习综合教学内容，旨在提高学生的综合判断能力和分析能力，并通过小组合作、自主实践等形式，使学生完成具有一定难度的《水果切切切》程序编写。本任务由于涉及的知识点比较多，建议教学学时为 10 个课时。

### （二）学情分析

本任务综合性较强，教学对象为六年级学生，该年龄段学生已具备一定的编程能力（掌握事件、控制、动作、外观、声音、侦测、画笔、克隆等知识），同时具有一定的自主学习能力，能在教师的引导下对简单问题进行尝试探究。此阶段学生思维方面虽然仍偏重直观、具体、形象，但较之低年级学生其逻辑思考能力进一步增强，适合进行更复杂的程序设计学习。建议采用自主实践、小组探究及任务驱动等教学方法进行任务教学。

（三）教学目标

（1）通过对《水果切切切》游戏制作，学会流程图制作，掌握新增屏幕及多个屏幕之间互相切换的方法，理解“变量”积木的基本知识，能运用“变量”积木对游戏进行完善和创新，并学会编写角色不同造型的切换效果程序。

（2）在设计切水果的编程中，结合控制和运算积木，掌握重复循环和条件语句的结合使用方法，逐步发展计算思维；通过小组合作、探究发现的学习过程，进一步提升团队合作意识，提高问题解决能力。

（3）体验生动有趣的动画效果，激发编程学习兴趣，提高解决信息技术问题的能力；以故事化设计为导向，体验信息科技课程与美术等其他学科相融合的过程，促进德育与美育协同发展。

## 二、教学过程

（一）激发兴趣、导入新课

（1）教师提出问题：同学们，你们玩过“切水果”游戏吗？你们玩过的“切水果”游戏是怎样的呢？今天我们用编程猫制作一个“切水果”的游戏。

（2）任务驱动：以“水果切切切”游戏为主线，完成十个学习子任务，激发学生的学习兴趣。

（二）教师引导，编写程序

### 子任务一：分析游戏制作流程

教师展示程序效果，邀请同学们玩切水果游戏，并请同学们边玩游戏边思考以下问题：

（1）这个游戏中从开始到结束的流程是怎样的？

（2）每个场景中都有哪些角色？角色的动作是什么？它们的变化和联系是怎么样的？

同学们结合游戏效果观察与小组探究，得出整个游戏的运行流程及不同角色的动画效果特点。

### 子任务二：认识屏幕的用法——新增屏幕、添加背景

结合所学过的屏幕、背景的编辑方法，全体学生以小组合作的方式尝试完成添加屏幕，并为不同屏幕添加背景。

最终完成效果如图 16-1 和图 16-2 所示。

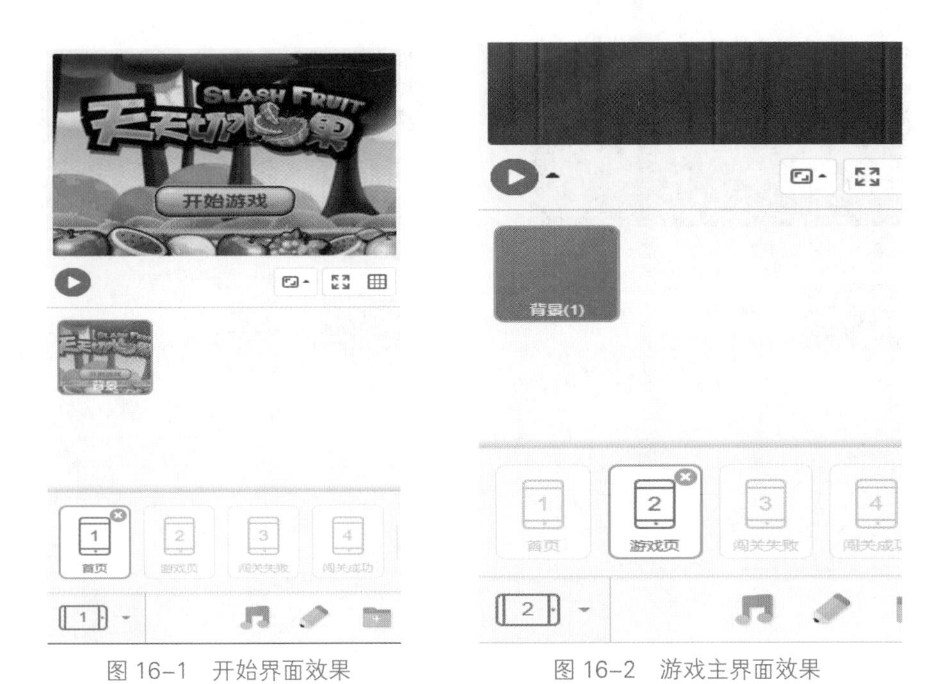


图 16-1　开始界面效果　　　　图 16-2　游戏主界面效果

## 子任务三：导入角色及造型

（1）导入角色、为角色添加造型。

屏幕 1 角色：开始游戏；屏幕 2 角色：橙子、桃子、西瓜；屏幕 3 角色：再来一局；屏幕 4 角色：闯关成功。添加角色后效果如图 16-3 ~ 图 16-6 所示。

（2）为屏幕 1 的角色“开始游戏”添加代码，如图 16-7 所示。

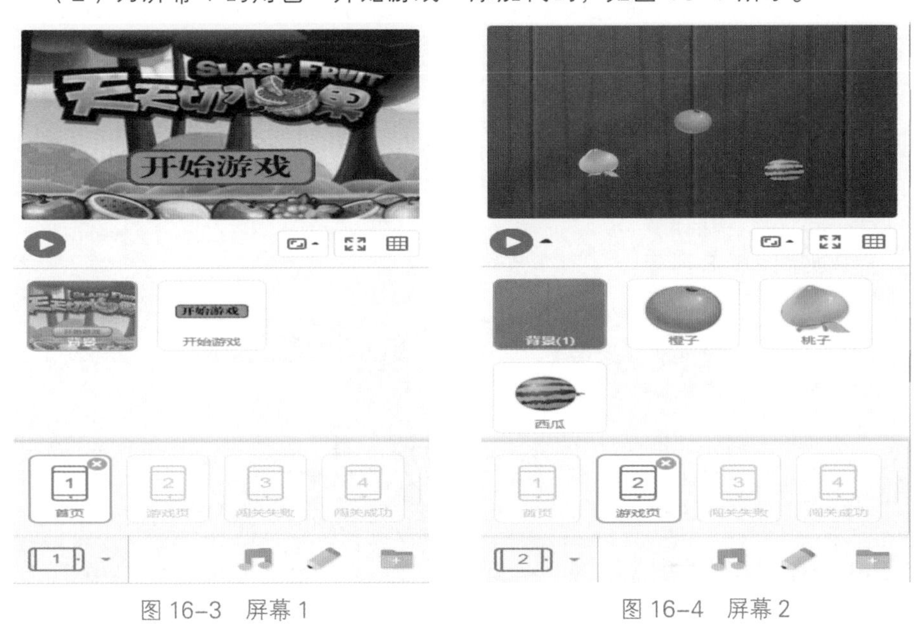


图 16-3　屏幕 1　　　　图 16-4　屏幕 2

图 16-5　屏幕 3

图 16-6　屏幕 4

图 16-7　点击“开始游戏”程序代码

子任务四：利用画图添加刀子角色，并编写角色代码

（1）利用画板工具在屏幕 2 中画出刀子角色。

（2）编写刀子角色代码：

① 当开始被点击，刀子隐藏；

② 当屏幕切换到屏幕 2（游戏页）时，显示刀子；

③ 刀子始终跟随鼠标移动；

④ 刀子始终面向鼠标。

代码如图 16-8 所示。

图 16-8　“刀子”角色程序代码

### 子任务五：新增变量，并设计变量判断代码

（1）新增变量得分、生命值、y 变化，并设置得分初始值为 0，生命值初始值为 10，隐藏变量 y 变化。

（2）当屏幕切换首页，隐藏变量得分。

（3）当屏幕切换到游戏页，显示变量得分、生命值。

（4）分析各变量值变化的条件及规律，与组内同学们讨论。

（5）根据判断得分、生命值并发出广播。

① 判断得分、生命值，发送“闯关成功”“闯关失败”广播；

② 收到广播，发出切换屏幕指令。

程序代码如图 16-9 ~ 图 16-13 所示。

图 16-9　变量表

图 16-10　游戏开始初始化变量

图 16-11　显示“得分”与“生命值”

### 子任务六：设计游戏页代码——克隆水果、炸弹

（1）等待 1 ~ 3 秒后，克隆水果、炸弹。

（2）当作为克隆体启动时，显示，切换到造型 1，并移动到舞蹈下方边缘任意位置。

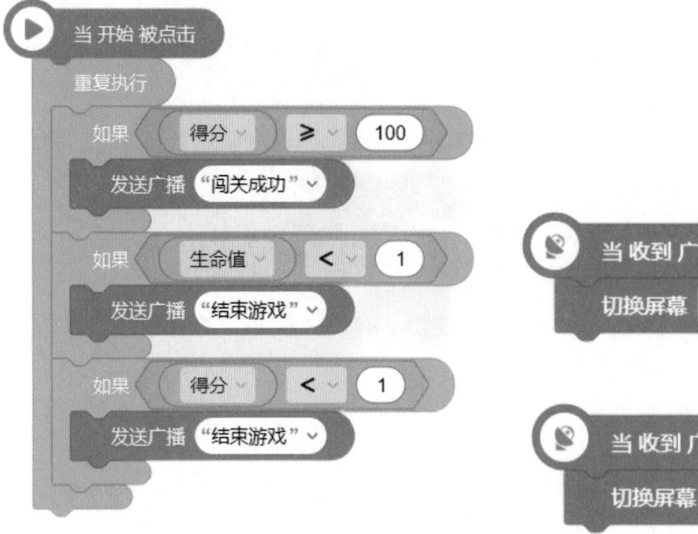


图 16-12　游戏结束判断

当 收到 广播 "结束游戏"
切换屏幕 闯关失败

图 16-13　游戏结束效果控制

代码如图 16-14 和图 16-15 所示。

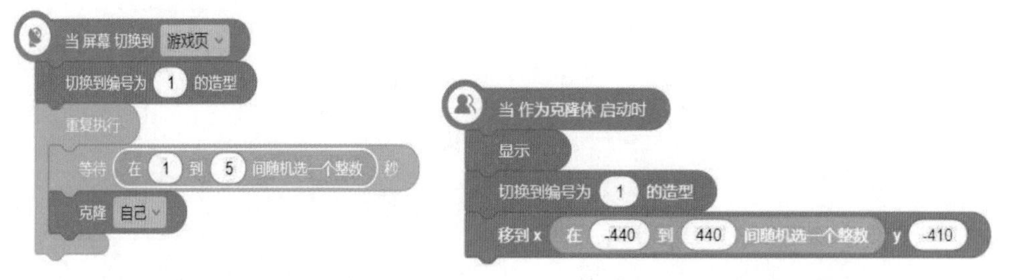


图 16-14　水果随机时间出现　　图 16-15　水果移动到随机地点

### 子任务七：设计游戏页代码——当橙子作为克隆体启动时

（1）设置变量：y 变化的值为 25 ~ 60 的随机数。

（2）重复执行直到自己的 Y 坐标小于 - 410：

① 将 Y 坐标增加 y 变化，即让克隆水果从舞台下方边缘不断上升。

② 使 y 变量增加 - 1，即实现克隆水果下落效果。

③ 如果自己碰到刀子，切换到编号为 2 的造型，分数加 1。

④ 如果自己碰到炸弹，切换到编号为 3 的造型，分数减 1。

⑤ 等待 0.2 秒，删除自己。

（3）复制橙子代码到西瓜、桃子角色。

（4）复制橙子代码到炸弹，修改当克隆体启动时，如果碰到刀子，生命值减 1，得分减 2。

最终效果如图 16–16 和图 16–17 所示。

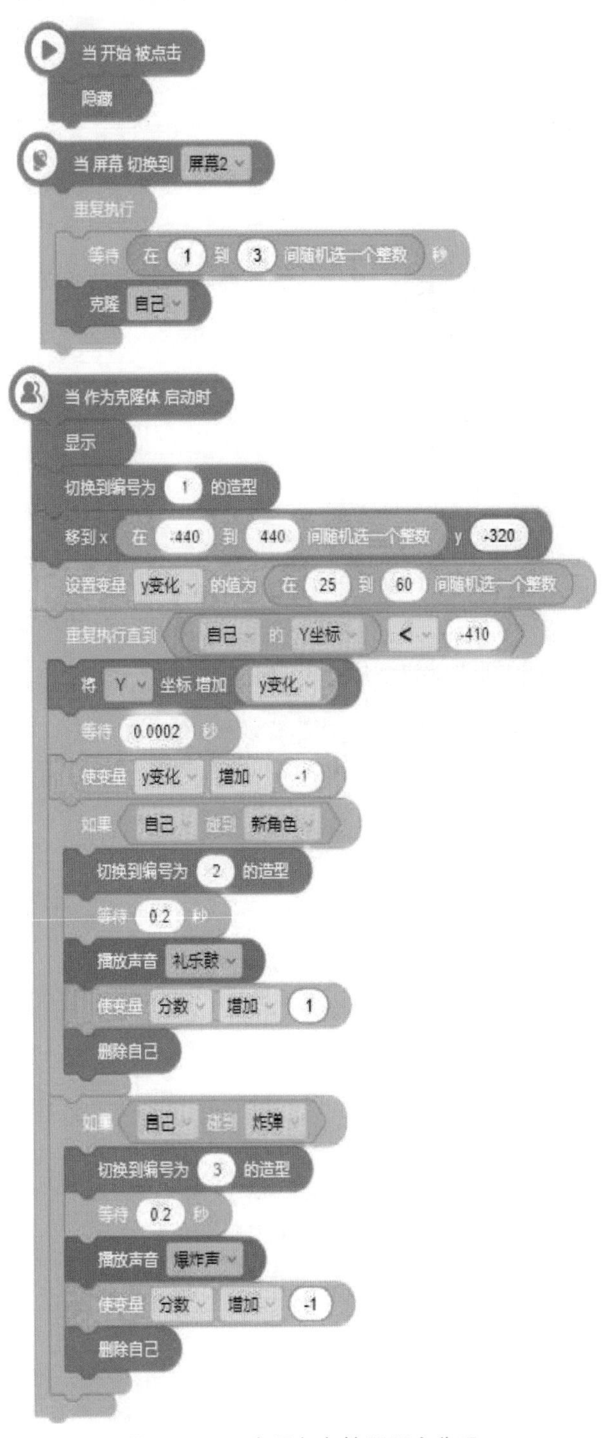


图 16–16　水果角色效果程序代码

```
当开始 被点击
隐藏

当屏幕 切换到 屏幕2
重复执行
    等待 在 1 到 3 间随机选一个整数 秒
    克隆 自己

当 作为克隆体 启动时
显示
切换到编号为 1 的造型
移到x 在 -440 到 440 间随机选一个整数 y -410
设置变量 y变化 的值为 在 25 到 80 间随机选一个整数
重复执行直到 自己 的 Y坐标 < -410
    移动 在 10 到 30 间随机选一个整数 步
    旋转 15 度
    将 X 坐标 设置为 y变化
    等待 0.0002 秒
    使变量 y变化 增加 -1
    如果 自己 碰到 新角色
        切换到编号为 2 的造型
        等待 0.2 秒
        播放声音 爆炸声
        使变量 生命值 增加 -1
        使变量 分数 增加 -2
        删除自己
```

图 16-17 炸弹角色效果程序代码

### 子任务八：添加音效

当开始被点击，循环播放游戏背景音乐（精灵聚会）。当水果碰到刀子，播放礼乐鼓音效。当炸弹碰到刀子，播放爆炸声音效。程序代码如图 16-18 所示。

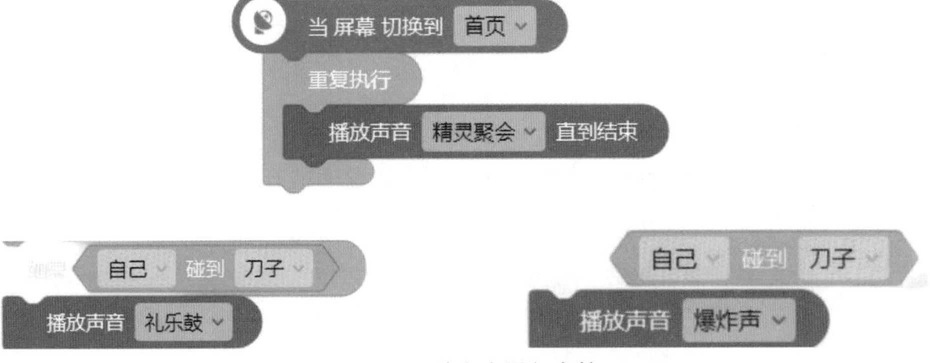


图 16-18　为角色添加音效

### 子任务九：设计“闯关成功”“闯关失败”屏幕

（1）当切换到闯关成功屏幕，角色“闯关成功”逐渐显示并抖动；

（2）切换到闯关失败屏幕，当点击“再来一局”角色，切换屏幕到首页；

（3）调试整个游戏。

最终效果如图 16-19 和图 16-20 所示。

图 16-19　闯关成功程序代码

图 16-20　闯关失败程序代码

### 子任务十：增加难度

设置炸弹在原有弹起、掉落过程中伴随左右任意移动，直到移出舞台。程序代码如图 16-21 所示。

图 16-21 炸弹移动效果

子任务十一：自主探究——改用键盘上的↑、↓、←、→键控制刀子角色移动

（1）教师提出修改要求，学生明确程序修改目标；

（2）在教师的引导下，学生通过探究实现程序的修改，参考程序代码如图 16-22 所示。

图 16-22 使用方向键控制小刀移动

子任务十二：用键盘控制炸弹，躲避水果

（1）尝试用键盘控制炸弹移动效果。

（2）得分初始值设置为 50 分，生命值为 20 分。

（3）如果炸弹碰到水果，得分减 1，如果碰到刀子，得分减 2，生命值减 1。

（4）在教师的引导下，学生通过探究实现程序的修改。

### 三、评价学生作品

（1）分组进行作品展示。

（2）教师对作品进行点评。

### 四、知识拓展与能力提升

（1）小组合作探究，结合复制、粘贴的功能，让更多的水果参与到游戏中。

（2）教师引导学生解决 Bug，进一步增加功能。

### 五、课堂小结

我们在制作《水果切切切》游戏的过程中，复习了重复判断语句，同时学习了多屏幕之间互相切换的方法。编程不仅可以用来制作游戏，还可以解决实际问题，让我们的生活变得更加美好，希望同学们课后继续加强编程知识的学习，在今后的学习中大胆地去探索、思考、创新，创作出更好的作品。

## 任务十七　趣味编程《验证码》

### 一、教学分析

#### （一）任务分析

本任务需要学生掌握图形化编程软件各积木模块的使用，并能够设计并编写简单但功能相对完整的程序。在此基础上，进一步学习更综合的程序，旨在强化对各种积木的运用与编程能力（本任务主要涉及画笔积木、克隆积木、计算积木、事件积木等），培养学生实践运用、分析问题及计算思维方面的能力。任务的主题是模仿登录操作时的“验证码”效果，通过对数字生活中验证码的模拟，使学生观察并运用“验证码”，不仅提高了信息安全意识，还提高了实践运用能力；通过将“验证码”的实际问题进行分解，培养问题分析能力；通过解决密码生成，图形化验证码生成，验证码核验这几个问题，培养计算思维中的抽象、分解、建模、算法设计四项能力；在程序实现过程中进行设计、模拟、实现、验证与优化，以培养程序编写能力。本任务具有一定的综合性，建议教学学时为 4 学时。

#### （二）学情分析

学生已基本掌握图形化编程软件各积木模块的使用，特别是用于本任务中的画笔积木、克隆积木、计算积木、事件积木等，并具备运用这些积木编写简单程序的能力。本任务通过模仿登录操作时的“验证码”，激发学生探究网络安全背后的秘密。教学过程中采用探究学习及任务驱动教学方法，可以更好地培养学生的实践能力及创新意识，发挥学生的主动性。

（三）教学目标

（1）深入掌握并运用画笔积木、克隆积木、计算积木、事件积木等的使用，理解“验证码”的原理。在此基础上理解程序的需求，并学会将任务分解为三个需求：“验证码”程序中随机密码生成；“验证码”图片的生成；“验证码”核验。能够理解这三个需求的模式与算法。

（2）在分析“验证码”问题的过程中，培养学生问题分析的能力；在问题的抽象与建模及算法的设计过程中，培养学生计算思维能力；在代码的编写过程中，培养学生编程能力。

（3）通过模仿并实现“验证码”，了解“验证码”在网络安全中的作用和工具原理，建立起学生的信息安全意识。

## 二、教学过程

（一）联系实际，导入新课

子任务一：了解验证码的使用过程与作用原理

教师展示一个用户登录界面的截图（见图 17–1），引导学生们讨论：在使用手机或 PC（个人计算机）遇到这样的界面时，应该怎么做才能完成登录？重点讨论为什么有了密码机制后还需要验证码机制。

图 17–1　常见登录界面

通过讲授与课件展示，使学生们初步了解验证码是网络安全登录的一把重要的锁，它能防止通过机器程序来进行大规模注册、盗用或入侵网络。验证码通过不同的方式来提高程序识别的难度，最常用的方法就是用图形化的方式使黑客脚本程序识别不出内容。

### 子任务二：展示程序效果并分析程序的需求

展示目标程序的效果：当点击开始时，生成带有不同背景色的验证码，当正确输入验证码时，完成登录操作，如图 17-2 所示。

图 17-2　程序参考界面

根据程序的效果，分析程序要解决的需求主要包括四个：

（1）角色与界面的设计。

（2）验证码数字的生成。

（3）图形化验证码的生成。

（4）小仙女角色的验证码验证与响应。

（二）教师引导、编写程序

### 子任务三：角色与界面的设计

提供学生相应的素材，学生利用这些素材及内置库中的角色，仿照样例程序，利用前面所学知识，自行完成界面的设计。

### 子任务四：密码生成的基本算法及实现

对学生们提问：同学们在使用验证码的过程中，发现验证码的特点是什么？根据学生们的讨论与回答，引导学生们注意验证码是不固定的，具有随机性，所以要在程序中实现基于随机密码生成验证码。

对于仅有数字的 4 位数随机密码的生成，可以采用这样的基本算法：循环 4

次，每次在 0 ~ 9 随机取一个数，并依次把这些数加入数列中，循环完毕，数列就可以形成一个四位随机密码。

将密码生成算法的实现放在“背景”角色中，程序积木块如图 17-3 所示。

图中，“验证码”是储存密码的“列表”，产生随机数的积木在运算工具模块中。当验证码列表生成后，发送广播，调用相应程序块实现图形化验证码的生成。

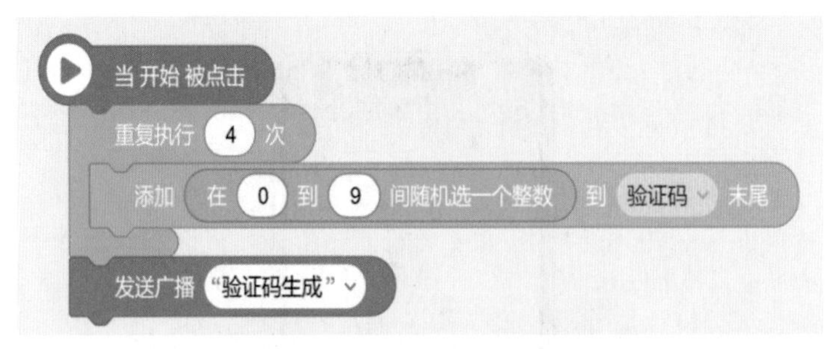


图 17-3 验证码生成程序代码

### 子任务五：图形化验证码生成的基本算法及实现

运行程序，让学生们观察程序中的验证码的效果是什么，得出结论是每个密码数字有随机颜色的背景，这样能提高机器识别的难度。克隆出来的随机颜色验证码的生成模式是：克隆出角色—背景颜色随机改变—将其移动约一个字符的位置—设置画笔并依次取出验证码的文字盖印在颜色块上—生成四个有随机颜色背景数字的验证码。

生成验证码的算法实现放在“色块”角色中，程序代码如图 17-4 所示。

```
当收到广播 “验证码生成”
显示
切换到编号为 在 1 到 5 间随机选一个整数 的造型
设置 画笔 颜色
将角色 移至 画笔图层 下方
设置 画笔 粗细 5
落笔
文字印章 验证码 第 1 项 大小 20
抬笔
重复执行 3 次
    使变量 克隆次数 增加 1
    克隆 自己
    等待 0.2 秒
```

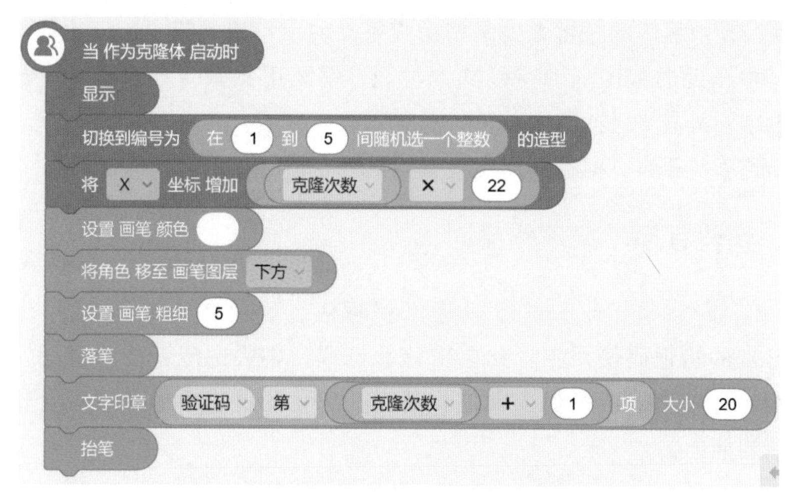


图 17-4　生成验证码的随机背景颜色程序代码

图 17-4 中分别是原始色块角色和克隆出来角色的执行程序，原始的色块角色与克隆出来的角色具有相同的模式及算法（原始角色可视为位移为 0），只不过触发方式不同，且原始角色需要克隆出 3 个“自己”。

### 子任务六：核验验证码的基本算法及实现

与学生讨论：如果要对比一个验证码是否正确，最简单的方法是什么？得出方法是一位数一位数地将正确验证码与用户的输入验证码比较，所以验证码核验的算法就是把用户输入的验证码依次取出，和正确验证码相应位的数字进行比较，如果相同，则正确次数加 1，核验完毕后，如果正确的次数与验证码的长度相等，则核验通过，切换至屏幕 2。

生成验证码的算法实现放在“魔法少女小可”角色中，程序代码如图 17-5 所示。

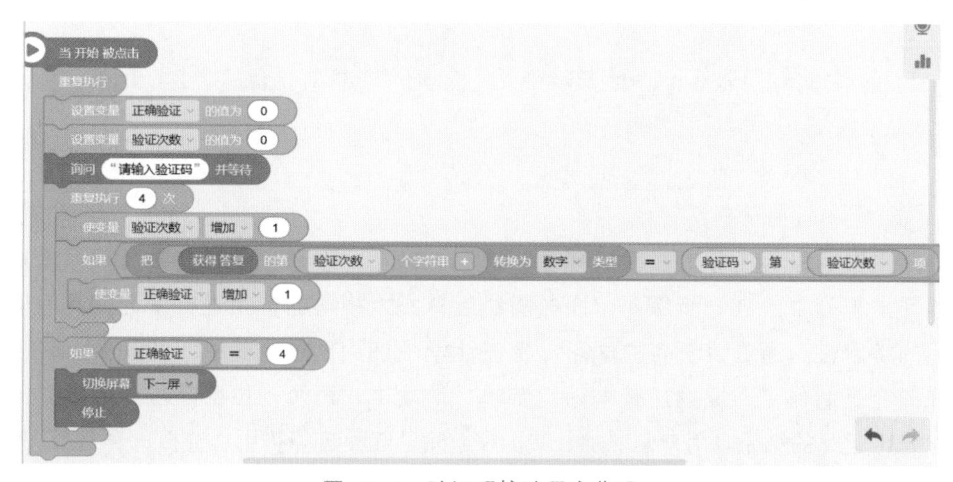


图 17-5　验证码核验程序代码

图 17-5 中程序的关键之处是将用户答复的字符串的第“验证次数”个子字符取出，由于此时取出的数字是文本类型，需要用文本转数字工具将这个字符转换为数字，再与“验证码”列表的相应项进行比较，记录“正确验证”的次数，然后判断是否等于 4，相等则产生登录效果。

### 三、优化程序、展示作品

#### 子任务七：程序的优化

在日常的验证码使用中，如果输错验证码，则会生成新的验证码，引导学生以小组合作的方式尝试优化功能，从而在优化的过程中锻炼学生合作探究及解决问题的能力。

#### 子任务八：展示作品

同学们在原有作品的基础上，优化程序，升级功能，每组派代表展示自己组的思路和作品，互相激励，互相学习。

### 四、课堂小结

对学生作品及表现进行点评，回顾本任务的核心知识点，通过对程序的分析、设计与实现，了解验证码的作用和基本原理，程序中用到的 3 个算法虽然简单，但却很典型地说明了算法的特性：通过一步步确定的可行的操作（这些操作对应的就是我们程序中的各个积木块），最终得到相应的输出。

布置拓展任务：本程序中的密码生成时，各个数字是可以重复的，但实际上为了避免密码过于简单，会避免数字的重复，如果要生成不重复的数字密码，应该如何设计算法以满足需求？

## 任务十八　趣味编程《算一算，猜一猜》

### 一、教学分析

#### （一）任务分析

本次编程的任务是在完成事件、控制、外观、声音、画笔、数据积木模块学习的基础上的进一步深入，任务围绕运算积木模块的运用进行学习，具有一定的综合性。通过该任务的学习，旨在让学生加深理解运算积木的使用。任务的内容是制作“一位数加减乘除”游戏，游戏中，两个一位数随机生成，并同时给出运算的结果，用户从“加、减、乘、除”四种运算符中，选择一种运算符，保证能正确算出结果。游戏具有一定的趣味性，并能和低年级的数学知识相结合，培养计算思维与数学思维相结合的能力。本任务由于涉及的知识点较多、综合性较强，建议教学学时为 4 课时。

（二）学情分析

学生已经掌握事件、控制、外观、声音、画笔、数据积木模块的编程内容，有一定的场景设计能力，掌握了程序所需的数学知识，具备完成本课题任务要求的需求分析能力、基本编程能力以及数学思维能力。在教学过程中运用讲授法、引导法、自主探究法、演示法、合作探究法等教学方法来完成本次教学内容，让学生有较大的自主发挥空间，得到更好的锻炼，同时也能更好地解决在教学过程中学生对算法及编程理解不足，能力差异性较大的问题。

（三）教学目标

（1）能综合运用各种类型的积木，根据解决问题的模型及算法，动手做出相应的程序。能针对程序的需求进行分析并进行问题分解，对问题进行抽象，找出解决问题的关键，运用计算思维、逆向思维和数学思维设计算法，重点使学生理解程序中为解决减法、除法问题而设计的算法。

（2）在解决问题的过程中，反思、优化问题的解决方案；在分析问题的过程中，培养问题分析能力；在设计算法的过程中，培养计算思维能力；在编写代码的过程中，培养编程能力。

（3）将数学知识与编程结合，深化培养数学思维，拓展数学思维运用，增强创新意识。

## 二、教学过程

（一）激发兴趣、导入新课

教师提问：大家从一年级到三年级都学过什么算式？如果让你们当三年级的数学老师，需要在课堂上快速地给学生出一百道算式题进行计算比赛，你们是不是会感觉很麻烦？那么我们是否可以通过编程让计算机自动帮我们出题呢？这样出题是不是会更快一些？

教师给学生展示本课题任务所需要实现的游戏案例，并邀请两个学生试玩游戏，看看在 30 秒内谁做对得更多。

（二）教师引导，编写程序

### 子任务一：制作基本页面

教师展示程序的页面，让同学们观察页面的布局，并在教师的引导下运用所掌握的角色导入及界面布局知识，完成界面的设置，如图 18–1 所示。

图 18-1　参考程序界面

子任务二：分析数学计算游戏中的规则与程序需求

学生通过对程序运行的观察，结合所学过的知识，理解画面的效果及程序中的交互逻辑，并在教师的引导下明确程序的需求。因为程序的假定用户对象是三年级以下的学生，有几点需求特别要强调：一是参与运算的两个数必须是一位数，而且是随机产生；二是计算的结果必须是正数；三是计算的结果可以是多位数，但必须是整数。在这样的需求下，不同的运算方式会需要不同的解决模式。

根据程序需求的分析，可以把程序中的问题按图 18-2 所示的方式进行分解。

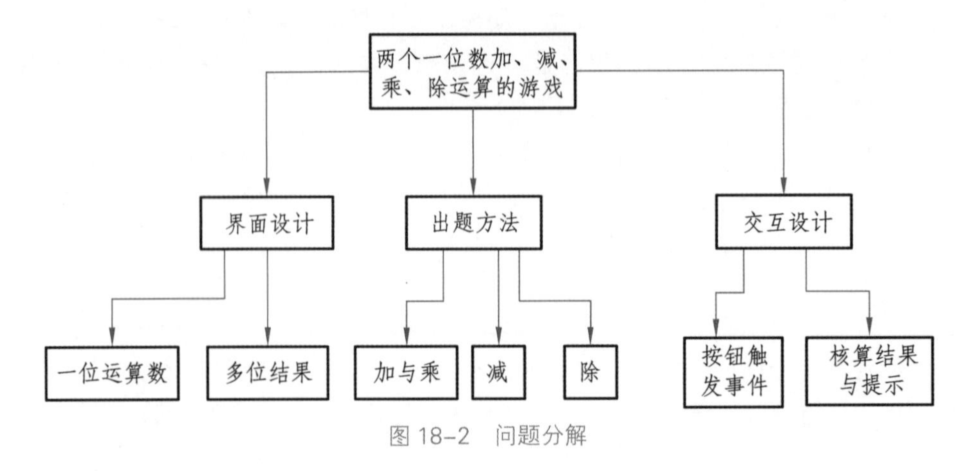


图 18-2　问题分解

### 子任务三：程序的运行流程分析

教师与同学们讨论程序的运行流程：首先程序要出题，然后用户才能做题。

在程序出题的过程中，先要从加、减、乘、除四种计算中随机选一种方式，再根据计算方式使用不同的算法出题，最后生成运算式所需的运算数及结果。

后台出题完毕后，程序会呈现出两个一位的运算数以及结果，用户根据提示做题，推算并选择题目中的运算方式是加、减、乘、除的哪一种，如果结果和预存的结果相同，则判对，并做出提示。

### 子任务四：分析加、乘运算的特点并实现

引导学生思考程序应该如何随机出题，不同的运算是否能使用同样的模式实现。程序出题时，需要在 0 ~ 3 随机生成一个整数，这四个整数分别对应加、减、乘、除运算。一般来说，只需要生成两个随机的一位数，然后用对应的运算方法算出结果，就可以完成出题。加运算与乘运算可以按这种方式实现，但是减运算会产生负数，除运算会产生小数，所以应该用不同的模式来解决。

加法出题程序代码如图 18-3 所示。

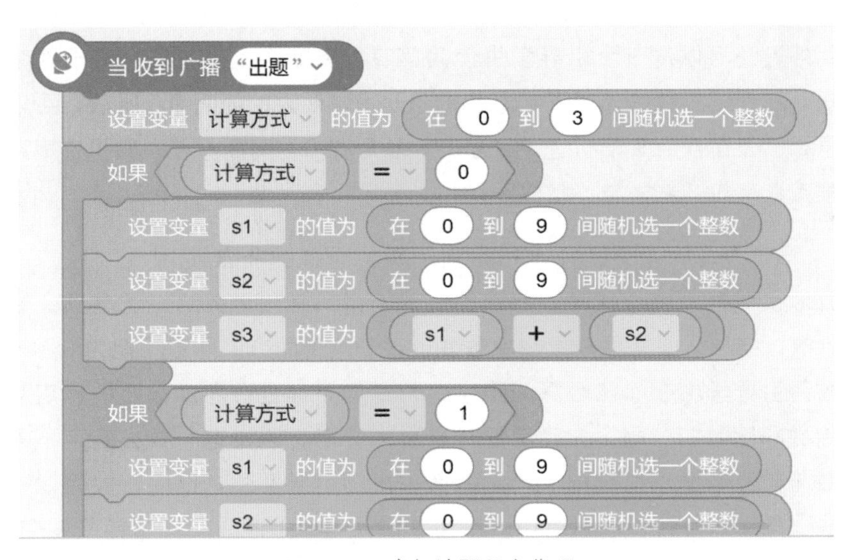


图 18-3　出加法题程序代码

当用户点击“开始”按钮时，会发送消息，程序开始出题，根据“0、1、2、3”这四个数中所随机产生的数，确定对应的加、乘、减、除操作。如果随机到了加运算，则生成两个随机 1 位数，并进行相加运算。s1，s2，s3 分别存储了运算数 1、运算数 2 和结果。乘和加的程序具有相同的模式，唯一的区别就是把“+”操作换成“×”操作。

### 子任务五：实现减运算的程序分析及实现

教师提问：如果要实现减法，模式是一样的吗？其中会遇到什么问题？因为程序是面向三年级以下的学生，而他们还没有学到负数的知识，所以不能出现这样的情况，也就是必须保证大数减小数。解决方法是确保减数的取值范围在 0 到被减数之间。

减法出题程序代码如图 18-4 所示。

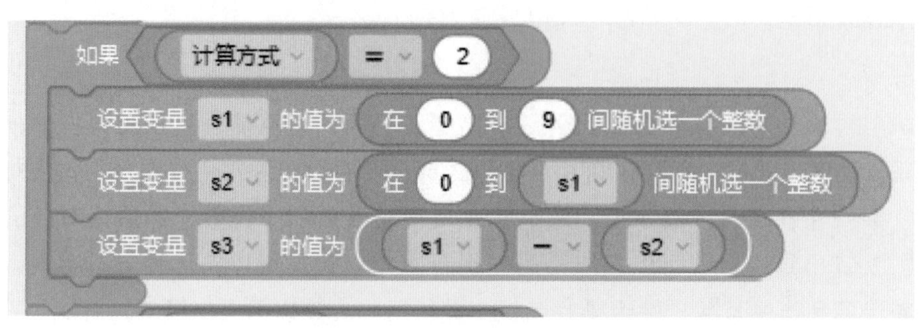


图 18-4　出减法题程序代码

注意程序中 s2（即“减数”）的取值范围保证了它不会大于被减数。

此外，还可以进一步引导学生使用第二种方式实现。首先，对于两个一位数减法，在保证正数的情况下，最小的值是 0，最大的值是 9。所以，可以采用逆向思维，先在 0 ~ 9 随机选出“差”，然后在 0 ~（9 －差）随机选取减数，则“被减数”为“差”与“减数”之和。

### 子任务六：实现运算的程序分析及实现

教师引导学生思考程序中除法的要求，得出除法运算的注意事项：结果不能有余数；结果必须是整数；被除数大于或者等于除数；除数不能为 0。

教师引导学生在除法运算的程序中用逆向思维进行考虑，通过确定商来确定被除数和除数的范围（先确定好符合要求的商，通过这个数去确定不易确定的除数与被除数的取值范围）。然后通过出题引导学生，以一位数除以一位数的除法计算题作为例子，提出问题：假设已经知道被除数是 0 ~ 9 随机一个整数，那么计算所得的商可能会是哪些整数呢？

让学生先自主探究完成除法运算的方法，教师引导得出结论：假设先确定商为 0，那么被除数就一定是 0，除数可以是 1 ~ 9 中任意一个整数；再假设确定商为 1，那么被除数就一定等于除数，除数也就可以是 1 ~ 9 中任意一个整数，以此类推。进行小组合作探究，让学生总结探究结果，最后根据分析得出算法流程，如图 18-5 所示。

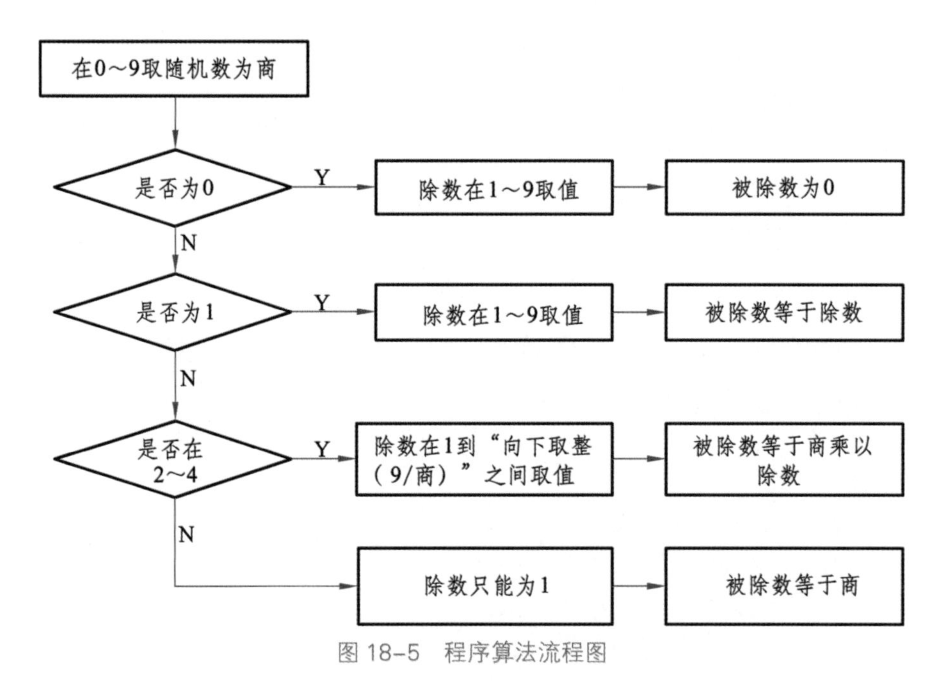


图 18-5　程序算法流程图

算法的实现代码如图 18-6 所示。

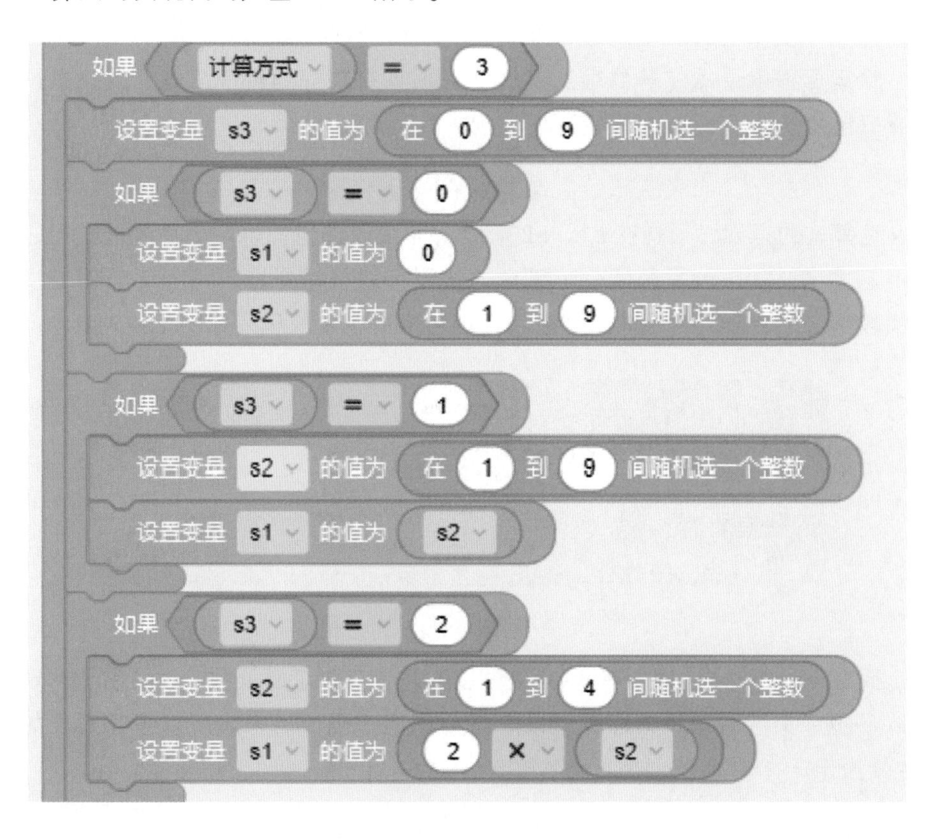

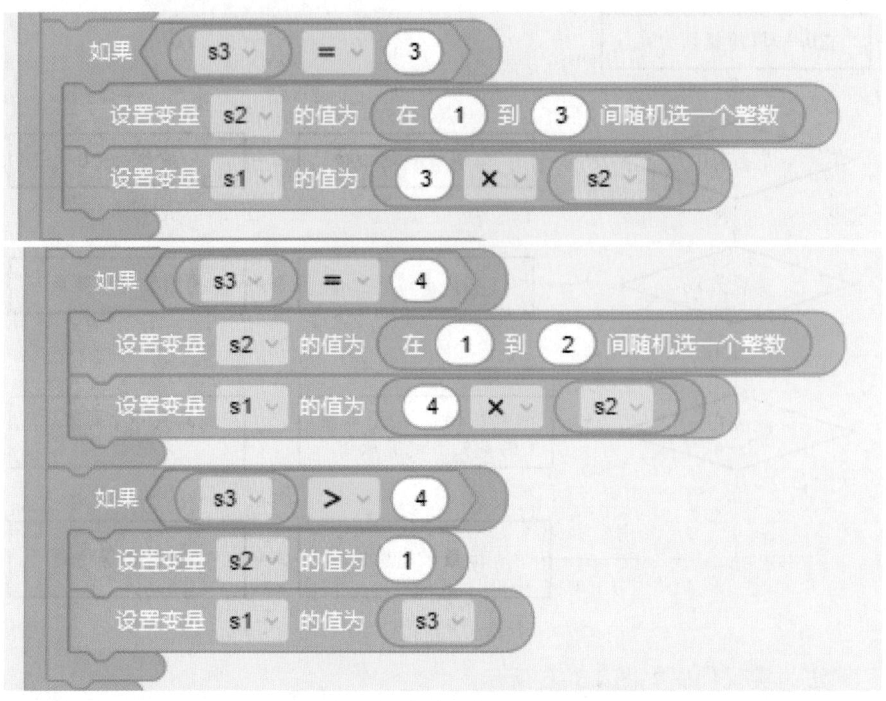


图 18-6 出除法题程序代码

除运算程序是本任务的难点，学生必须具有较好的数学思维、逻辑思维及计算思维才能够理解并完成程序。

### 子任务七：对算式进行呈现的方法及实现

运算式的呈现必须是在 s1，s2，s3 三个变量的值都确定之后才能进行，通过消息“出题”来触发，两个运算数的造型可以根据变量 s1 和 s2 的值变换对应的数字造型，所以“粗体黑框数字”角色中的积木块程序如图 18-7 所示。

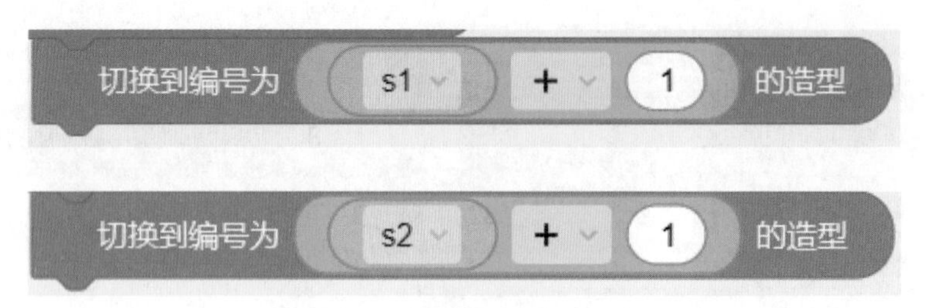


图 18-7 数字呈现程序代码

而对于运算结果，由于有可能是一位数，也可能是两位数，为了易于实现，可以采用“文字印章”把运算结果直接用画笔“画”出来，所以程序实现如图 18-8 所示。

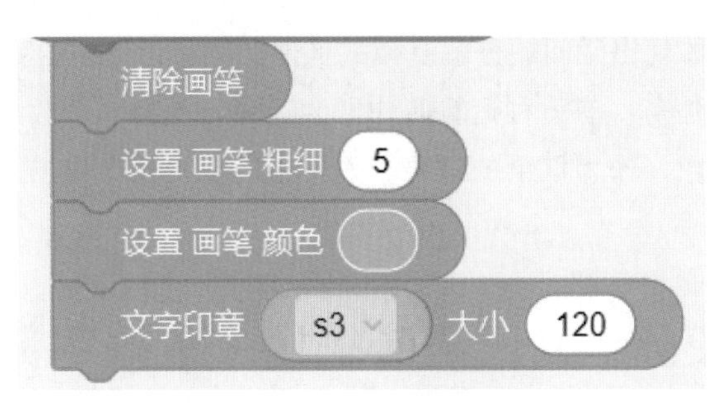


图 18-8　结果呈现程序代码

### 子任务八：对用户做题结果的核验

当用户点击程序界面中的“加”“减”“乘”“除”符号角色时，触发验证程序，实现程序代码如图 18-9 所示。

程序根据用户的选择进行相应的运算，并与 s3 相比较，相等则可以记分。

图 18-9　结果核验程序代码

## 三、优化程序、展示作品

### 子任务九：程序的优化

如果把程序升级为两位数与一位数的运算，需要注意什么问题？如何实现？教师引导学生以小组合作的方式尝试优化功能，从而在优化的过程中锻炼学生合作探究及解决问题的能力。

### 子任务十：展示作品

学生在原有作品的基础上，优化程序，升级功能，每组派代表展示小组思路和作品，互相激励、学习。

## 四、课堂小结

对学生的作品及表现进行点评，回顾本任务的核心知识点，程序的难点在于面对需求时，如何去分解问题，解决问题。在程序中，把加、减、乘、除四种运算分为三种模式，加、乘是一种，减是一种，除是一种，而且对于除，又需要再细分类为几种情况，这就体现出了问题分解及模式构建在程序设计中的重要性。

教师布置拓展任务：有一种运算叫作取余运算，是将一个数除以另一个数，不够除的部分就是余数，作为取余的结果。如果我们要在程序中加入取余的运算，应如何实现？

# 任务十九　趣味编程《猜数字》

## 一、教学分析

### （一）任务分析

本次编程是在学习了《算一算，猜一猜》和《验证码》案例程序之后的进一步学习，具有较高的综合性。通过该任务的学习，旨在让学生理解算法在程序中的运用。本任务的内容是制作《猜数字》游戏，该游戏来源于同学们生活中经常玩的数学游戏，游戏本身会锻炼学生的逻辑推理能力，而将游戏改变成数字化程序的过程中也充满了各种逻辑分析和计算思维。本任务由于涉及的知识点较多、综合性较强，建议教学学时为 8 课时。

### （二）学情分析

在前面的学习中，学生们已经初步掌握了图形化编程软件中各程序模块的作用，并能够使用顺序、判断及循环逻辑将这些语句积木组装起来，形成简单但相对功能完整的程序，而且已经理解《算一算，猜一猜》中用消息控制数字显示的方式，以及《验证码》程序中随机数字数列生成算法，因此基本具备完成这个游戏的能力。在教学过程中运用讲授法、引导法、自主探究法、演示法、合作探究法等教学方法来完成本次教学内容，让学生有较大的自主发挥空间，得到更好的锻炼，同时也更好地解决在教学过程中学生的对算法及编程理解不足，以及能力差异性较大的问题。

### （三）教学目标

（1）学生能针对程序的需求进行分析并对问题进行分解、抽象，找出问题的关键，建立解决问题的模型，运用计算思维并结合逆向思维和数学思维来设计算法，特别是要理解程序中的三种主要算法：生成不重复数字密码的算法；数字按钮自动生成算法；猜测结果判定算法。能用语言准确地描述这些算法，建立问题解决模型，并能最终通过使用图形化编程工具，运用各种类型的积木并以系统化的方式分析、设计及实现程序。

（2）在解决问题的过程中，通过对解决方案的优化与反思培养问题分析能力；在设计算法的过程中，培养计算思维能力；在编写代码的过程中，培养编程能力。

（3）通过程序的游戏性及趣味性激发编程兴趣。本任务将数学知识、逻辑推理与编程结合起来，这种学科融合的方式会激发学生对数学知识在程序中运用的思考，进一步提高对数学学习的兴趣。

## 二、教学过程

### （一）激发兴趣、导入新课

组织学生玩一个猜数字的游戏，游戏规则为：甲、乙双方进行游戏，甲在纸上随机写下一个每一位都不重复的四位数字，由乙来猜测该四位数，乙说出一个四位数后，甲会给出这样的反馈——“数字几为 A，数字几为 B”，其中 A 的意思是这个猜测数的具体某位数存在于目标四位数中但位置不对，而 B 的意思是这个猜测数的具体某位数和目标四位数中某位数字相同且位置相同。举例来说，比如目标数是“1234”，猜测数是“5624”，那么给出的反馈就应该是“2A4B”。在反复地猜测和反馈中，乙力求在最少的回合数中猜到目标数。

组织学生两个一组进行游戏，引导思考两个问题：

（1）游戏过程中如何运用数学知识及逻辑知识提高猜中率？算法是什么？

（2）将这个游戏数字化成程序，有哪些优势？

### （二）教师引导，编写程序

#### 子任务一：程序模块设计

思考并讨论：如果将猜数字游戏做成程序，程序应该具有哪些模块或功能？程序的基本模块如图 19-1 所示。

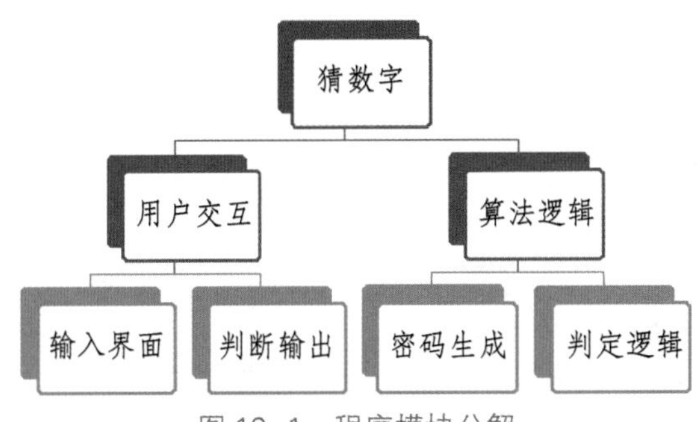


图 19-1　程序模块分解

几乎所有的程序都能分解为用户交互界面和核心算法逻辑这两大部分。在交互界面上，要使用户能输入自己猜测的一组四位数字，并且能从界面的反馈中得到这组数字的判断猜测结果。而核心的算法则有两个：一是四位不重复密码如何生成；二是如何判定用户输入的数字中哪位是数字对了，哪位是数字和位置都对了。

#### 子任务二：程序展示

展示程序的实现效果，如图 19-2 所示。分析其中的功能和模块，说明程序的运行过程是先生成输入界面，用户输入数字后，点击按钮进行判断，程序将反馈猜中了哪几位数字，以及猜中了哪几位数字的位置，如此反复地进行猜测和判断。当四位数字都猜中时，密码正确，火箭发射。

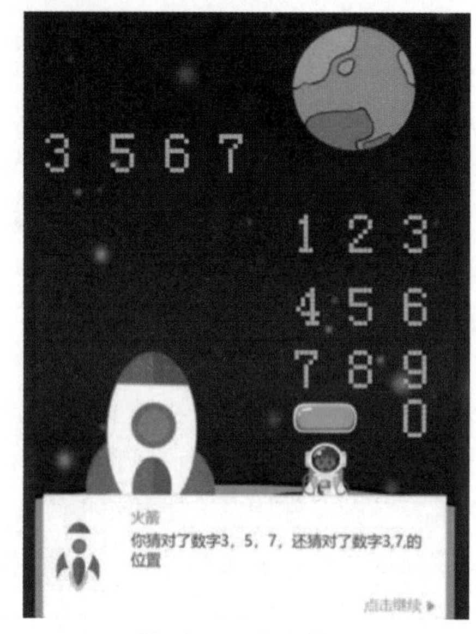


图 19–2　程序效果

### 子任务三　画程序运行流程图

掌握了流程图的基本画法之后，结合对程序的理解，画出程序运行的流程图，如图 19–3 所示。

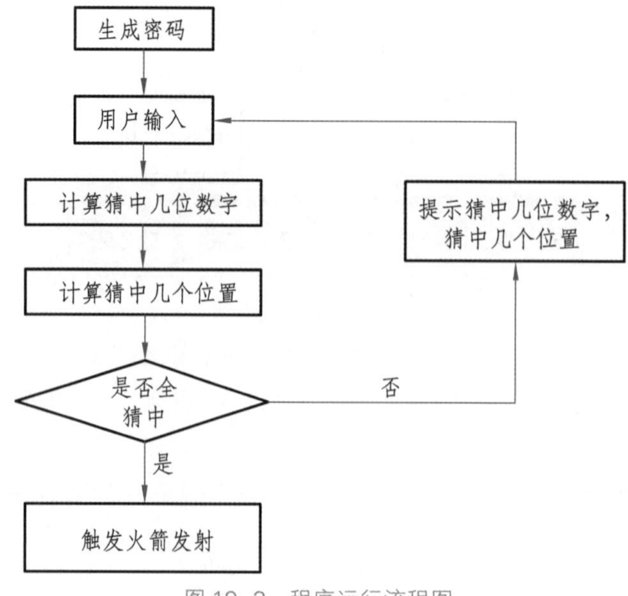


图 19–3　程序运行流程图

### 子任务四：界面的设计与实现

利用已经掌握的角色布局及编辑技巧，学生动手完成类似于图 19-4 所示的程序界面。在角色编辑的过程中要注意利用 X、Y 坐标使布局整齐。

图 19-4　程序界面

### 子任务五：四位不重复数字密码生成算法

（1）动手生成四位不重复数字。

在前面的《验证码》程序中，已经讲解了如何生成四位密码，且每位密码的取值为 0 ~ 9。现在做进一步的要求，即四位密码不能重复，通过实例使学生理解。给学生两副扑克牌（只有同花色的 A，2，3，4，5，6，7，8，9，10，其中 A 代表 1，10 代表 0），一张白纸，利用这些道具生成一个四位不重复的数字密码。要求：扑克堆一中抽中的牌可拿出（代表数列），扑克堆二中的数字必须是连续的（代表随机数生成器），可在白纸上记录数字。看看谁想出的办法多，并能按步骤描述这些办法。

学生有可能用到的几种办法：方法 1，先从扑克堆二中抽一张牌，根据这张牌找到扑克堆一中对应的牌，并在白纸上进行记录，然后再重复前面的动作，如果和前面记录下来的数字重复，则放弃记录，再重复动作。方法 2，先从扑克堆二中抽一张牌，然后根据这张牌找到扑克堆一中对应的牌，并在白纸上进行记录，同时把这张牌从扑克堆一中拿走。下一轮时将扑克堆二中的最大数去掉，即随机范围减 1，然后重复上一轮的动作。方法 3，先从扑克堆二中抽两次牌，找到这两次抽出的牌对应的牌堆一中的牌，将这两张找到的牌对换，类似于洗牌。

洗牌若干次后，再从扑克堆二中抽一张牌，然后把这牌对应的扑克堆一中的牌起始的连续四张牌拿出并记录。

除此之外，学生还有可能想出其他的办法，需要注意的是每种办法都必须满足前提限定的条件，这是算法实现的基础，并且能有步骤地描述出过程。为了描述清晰，也可以用流程图的方式对这些步骤进行描述。

（2）问题解决过程中的计算思维。

通过前面的动手及思考，促进学生找到解决问题的规律，而这些规律的步骤化运用就形成了问题的建模，或者说是模式的识别与匹配。以方法 2 为例，学生在探究的过程中会发现，四个随机密码还是比较容易生成的，具有相同的模式，即从扑克堆二中得到一个随机数，用这个随机数在扑克堆一中生成相应的数字。而问题的关键就变成了避免重复，通过进一步优化模式，就可以发现只要在扑克堆一中去掉已经出现过的数字，就能解决该问题。同时，必须匹配上相应的选择方法，这个方法就是相较于这一轮，在下一轮要把随机取数的范围减 1。这样，就建模出了问题的解决方法，然后才能够通过抽象和算法将问题具体解决。

（3）算法的实现。

方法 2 的算法实现如图 19-5 所示。

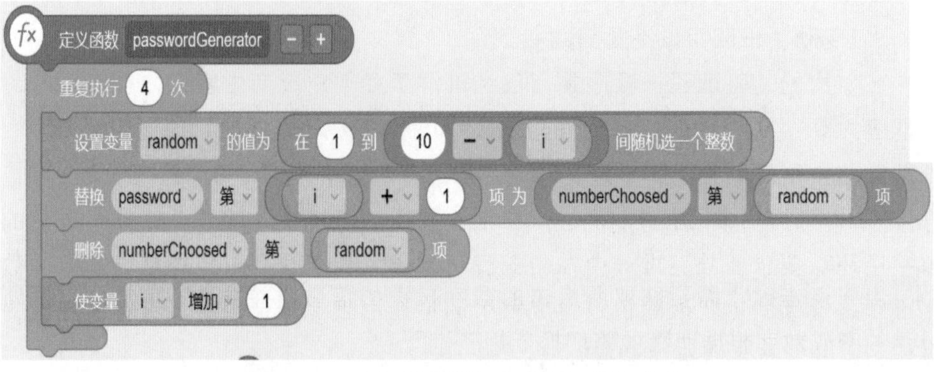

```
定义函数 passwordGenerator
  重复执行 4 次
    设置变量 random 的值为 在 1 到 (10 - i) 间随机选一个整数
    替换 password 第 (i + 1) 项为 numberChoosed 第 random 项
    删除 numberChoosed 第 random 项
    使变量 i 增加 1
```

图 19-5　四位不重复数字密码的算法实现

该实现方法中将算法包装为函数，一般可以把函数置于背景当中，把背景代码当作函数库的储存区域。函数化的方式有利于程序的理解和修改。算法实现中有 4 次循环，体现出了模式的规律化运用，即每次循环生成一位密码数字。每次循环时，所取的随机数范围将比上一次减少 1，而每一次数列中随机取出一个数字后，将把这个数字从数列中删除，避免重复，而此时数列的大小刚好对应随机取值的范围。

（4）算法的拓展及比较。

设计计算机程序时，往往可以用不同的算法解决一个同样的问题，引导同学们尝试用其他算法实现四位不重复数字密码的生成，也可以利用计时器比较这几种算法的快慢。

### 子任务六：消息传递与变量的运用

（1）消息与变量。

当用户在数字小键盘上输入所猜测的数字密码时，密码显示区就应该显示相应的数字，如图 19-6 所示。

图 19-6　用户所猜测密码的显示

用户点击时，需要获取所点击的数字按钮的信息，并发送“消息”，使所显示的密码数字根据变量的值切换成相应造型。

变量或数列是程序的核心要素，它们能记录程序中一个或一组数据。程序的流程走向、逻辑判断、结果显示都依赖于变量。

（2）数字按钮程序。

引导学生思考，当点击数字按钮时，需要触发什么事件？讨论后得出结论，需要触发三个事件：一是要记录当前位用户的输入密码；二是要改变当前输入密码的位置；三是发出消息使显示变化为相应的按钮造型。

数字按钮的程序如图 19-7 所示。

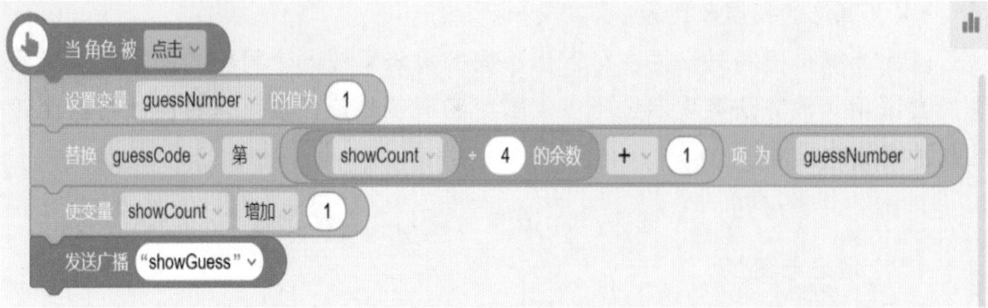

当角色被 点击
设置变量 guessNumber 的值为 1
替换 guessCode 第 showCount ÷ 4 的余数 + 1 项为 guessNumber
使变量 showCount 增加 1
发送广播 "showGuess"

图 19-7　数字按钮程序

注意图 19-7 中第三行积木的作用是循环地替换四位猜测密码中的相应位。所以采用了以 4 为循环周期，通过取余的方法来设定当前所记录的是第几位密码。

（3）猜测密码的显示。

当密码的显示数字接到点击数字按钮的“消息”后，将切换成相应的造型，程序如图 19-8 所示。

当收到广播 "showGuess"
如果 showCount ÷ 4 的余数 = 1
切换到编号为 guessCode 第 1 项 + 1 的造型
当开始 被点击
重复执行
如果 showCount ÷ 4 的余数 = 0
隐藏
等待 0.2 秒
显示
等待 0.5 秒

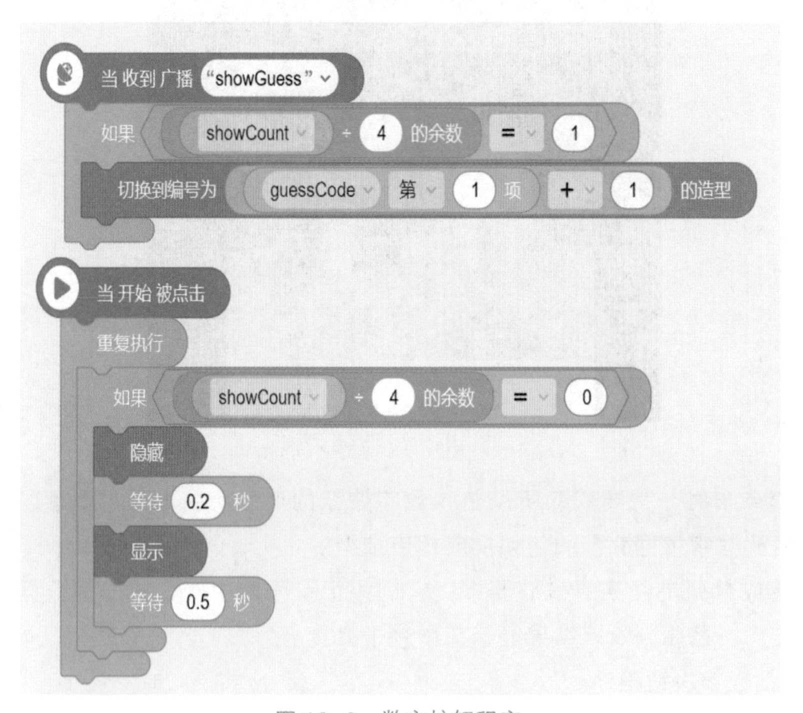

图 19-8　数字按钮程序

子任务七：密码检测

（1）规则理解转换为算法描述。

根据《猜数字》游戏规则，引导同学们描述密码检测判定的算法。在算法的描述中，要强调变量与数组的运用，这样使得算法更具有可实现性。

密码检测算法的参考描述：根据用户的猜测密码数列，依次取出其中的数字，将该数字与真正密码数列中的数进行比较，如果有这个数字，则在列表 1 中记录下这个数字，如果有这个数且位置相等，则在列表 2 中记录下这个数字。

（2）密码检测程序。

密码检测程序是点击检测按钮时触发的，程序代码如图 19-9 所示。

```
当角色被 点击
clearList
设置变量 i2 的值为 1
重复执行 4 次
    如果 guessCode 第 i2 项 = password 第 i2 项
        添加 guessCode 第 i2 项 到 posCorrect 末尾
    使变量 i2 增加 1
设置变量 i2 的值为 1
重复执行 4 次
    如果 password 中包含 guessCode 第 i2 项
        添加 guessCode 第 i2 项 到 numCorrect 末尾
    使变量 i2 增加 1
设置变量 i2 的值为 1
发送广播 "tested"
```

图 19-9 密码检测按钮程序代码

图 19-9 所示程序实现了将猜对的数字（位置不正确）储存到了列表 numCorrect 中，将猜对的数字（位置正确）储存到了列表 posCorrect 中。

### 子任务八：猜测结果反馈

（1）密码猜测结果转换。

在两个列表中分别记录了猜对的数字和猜对位置的数字，要呈现给玩家，必须将列表转换为句子。引导学生思考用什么算法能实现这种转换，得出结论是把列表中的数字依次取出并加上必要的分隔符号形成句子，同时考虑到程序的易读性，把这个功能写成函数，在背景中设计的函数如图 19-10 所示。

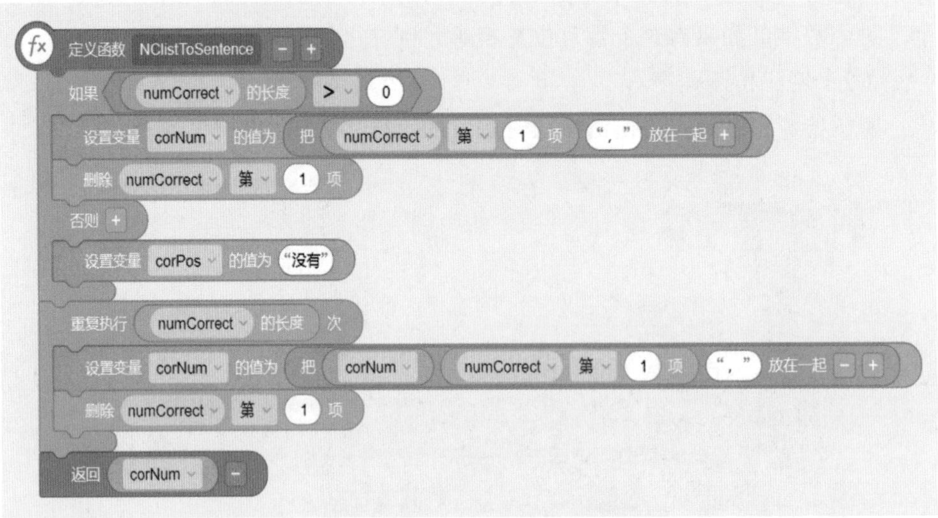

图 19-10 “列表中的数字转换为句子”的函数

图 19-10 中，使用判断语句是考虑到初始情况下句子为空的处理方式，以及用户没有猜对的情况下的句子输出；使用循环语句则依次把列表转换为了句子，并加上逗号。

（2）猜测结果的呈现。

引导学生思考什么情况下能完全猜中密码，并使用火箭作为猜测检测及结果的反馈。得出结论：当记录猜中数字位置的列表长度为 4 时，密码完全猜中。此时，可以发射火箭。相关程序代码如图 19-11 所示。

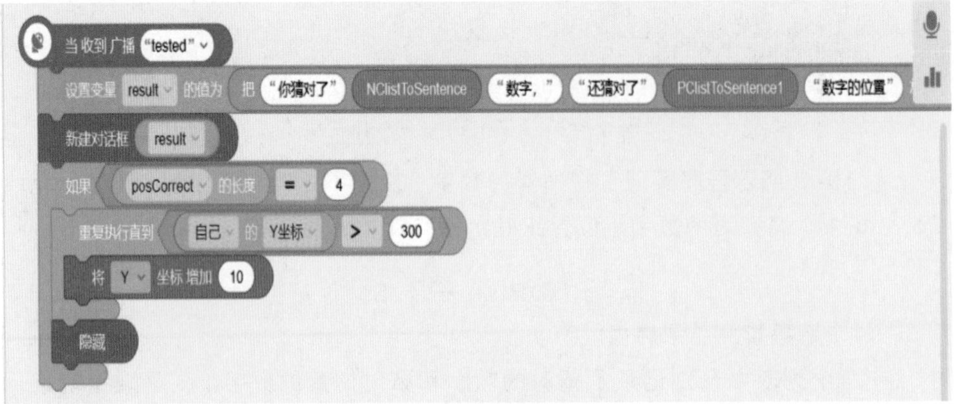

图 19-11 火箭角色的程序

图 19-11 中，result 变量通过使用自定义的“列表中的数字转换为句子”的函数形成火箭角色要反馈的句子，同时检测到满足密码完全猜中的条件时，火箭向空中发射，最后消失。

## 三、优化程序、展示作品

### 子任务九：程序的优化

如果修改游戏的规则，比如修改为只反馈猜中的数量，而不是具体猜中的数字，需要如何调整程序？或者是游戏模式变为限时赛，在固定时间内看谁猜中得最多，又应当如何调整？

### 子任务十：展示作品

学生在原有作品的基础上，优化程序，升级功能，每组派代表展示小组思路和作品，互相激励，互相学习。

## 四、教师总结、拓展学习

对学生作品及表现进行点评，回顾本任务的核心知识点，任务程序的难点在于面对需求时，如何去分解问题、解决问题、设计算法。在程序中，需要充分理解《算一算，猜一猜》和《验证码》两个程序的设计思路和算法实现，把这些算法思想运用到本程序中，通过模仿、修正、迭代的方式最终实现程序。

# 第四篇

# 人工智能应用案例

# 任务二十　趣味编程《智能垃圾分类系统》

## 一、教学分析

### （一）任务分析

本编程任务是在学生掌握图形编程的基础上，通过在线图形化编程平台“腾讯扣叮”的“分类训练”积木，设计一个智能垃圾分类系统，实现垃圾自动分类。通过完成项目任务，使学生体验人工智能的创建、训练和应用的全过程，从而了解人工智能的基本原理，初步掌握应用人工智能的基本方法。本任务建议教学学时为8课时。

### （二）学情分析

学生已经学习基本模块的编程，掌握事件、控制、外观、函数等编程概念，有一定的角色场景设计能力，具备基本的需求分析能力，且能初步理解程序的控制逻辑。通过前面的项目教学，学生具有分组合作、小组探究和任务驱动的学习能力。这些能力可以让学生更好地参与到本任务中来，通过具体的实践来提高学生思考、解决问题的能力，并充分调动其积极性。

### （三）教学目标

（1）了解人工智能的工作原理和应用。

（2）熟悉图形化编程中“分类训练”积木的使用。

（3）掌握人工智能的创建步骤，学会利用人工智能解决生活中遇到的问题。

（4）通过完成人工智能的项目任务，理解人工智能的特点是必须通过大量学习，才能获得相应的能力。让学生从中获得这样的启示：人要有高的智慧，除了有一个健康的大脑外，还必须努力学习更多的素材（知识）。

## 二、教学过程

### （一）激发兴趣、导入新课

问题提出：为了改善羊村的环境卫生和提高资源再利用率，村长提出了将垃圾进行分类投放的建议，如何实现？

启发思考：许多小羊在丢垃圾时并不知道垃圾属于哪种类型，导致经常将垃圾投放至错误的垃圾桶中，这让村长倍感苦恼。同学们，你们是否也像小羊一样，在丢垃圾时不知道如何分类呢？

引出教学内容：今天，我们将设计一个智能垃圾分类系统，以解决这个问题。

（二）教师引导，编写程序

子任务一：分组讨论完成任务的逻辑结构梳理

（1）老师提出问题：对于村长遇到的问题，我们应如何去解决呢？学生分组讨论解决问题的方案，并分享方案的优缺点。

（2）老师总结讨论结果，并引导学生回到本课程的任务上：小羊丢垃圾时，如果有个机器人告诉它垃圾类别，并控制对应的垃圾桶打开，就可以解决问题了。

（3）老师总结解决问题的逻辑：① 先创建具有智能的分类器；② 接着识别垃圾类别；③ 再打开对应的垃圾桶；④ 最后把垃圾放入垃圾桶。

（4）任务的实现效果如图 20-1 所示。

图 20-1　智能垃圾分类系统

图 20-1 中的系统功能为：当摄像头拍摄到垃圾后，自动识别出垃圾的类别，接着对应的垃圾桶盖打开，将垃圾投放到该桶中。

子任务二：人工智能介绍，了解人工智能应用

（1）人工智能概念、原理介绍。

（2）老师提问：人工智能是在垃圾系统中的哪个环节中被使用呢？答案是在垃圾类别识别环节中被使用。在生活中，人工智能还在哪些地方被使用呢？

子任务三：认识腾讯扣叮在线编程平台，并创建一个新的项目

（1）进入编程平台：打开浏览器，访问腾讯扣叮网站。

（2）登录：建议通过 QQ 号码登录，并打开创意实验室，如图 20-2 所示。

（3）新建项目：进入创意实验室后，创建一个名为“智慧垃圾分类系统”的项目，步骤如图 20-3 所示。

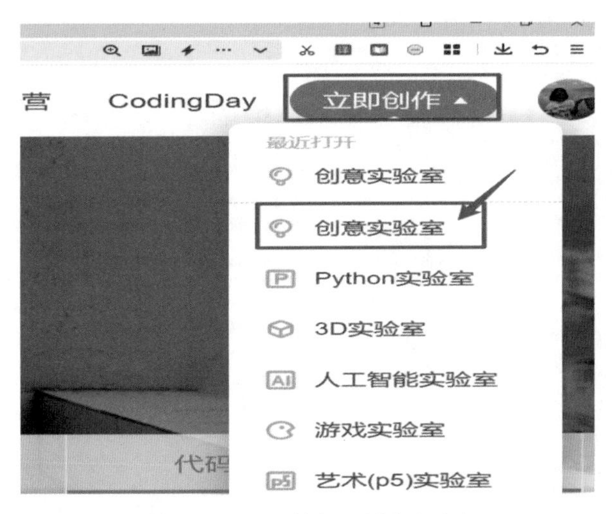


图 20–2　登录并打开创意实验室

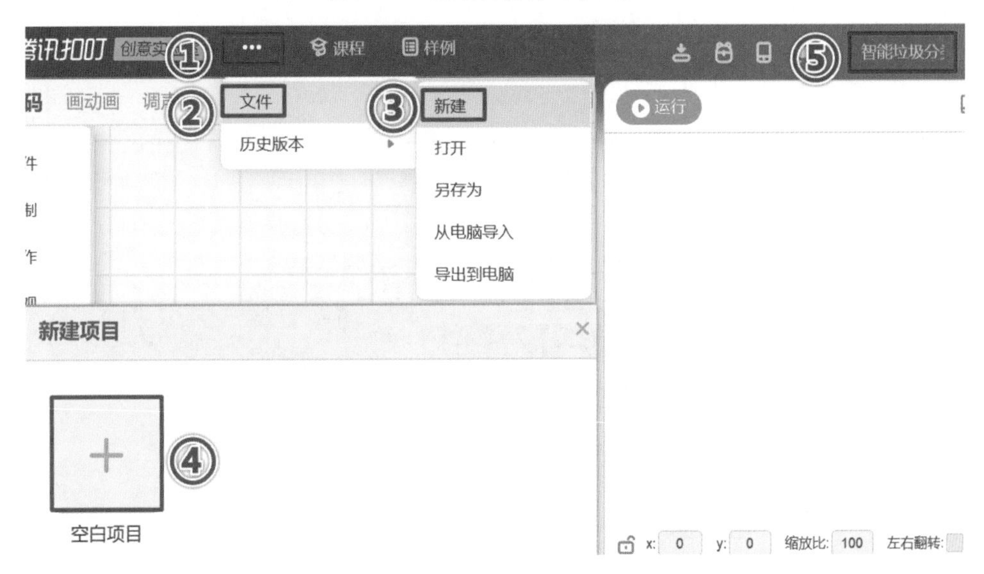


图 20–3　新建项目步骤

子任务四：设计分类器的模型

要创建有智能的分类器，先创建分类器的“大脑”，即创建分类器模型。

（1）添加人工智能扩展模块到模块面板中。

点击模块面板中的“扩展”按钮，选择“分类训练”人工智能模块，添加到模块面板中，操作过程如图 20–4 所示。

（2）创建图像分类器。

点击“分类训练”模块，拖拽“初始化‘图像分类器’模型”积木到“背景”角色编辑区，步骤如图 20–5 所示。

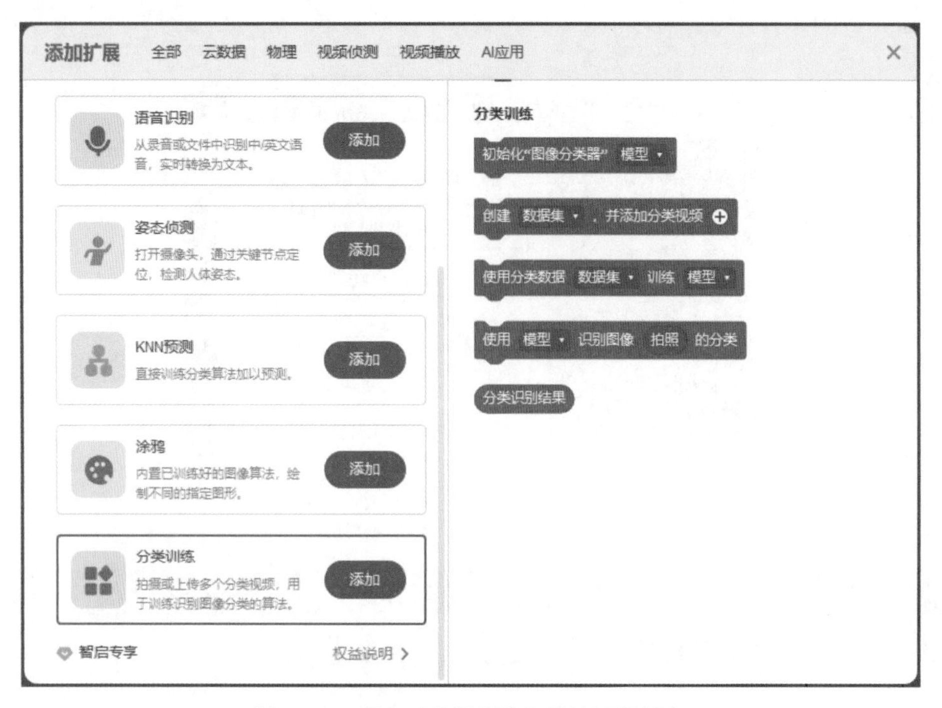


图 20–4 添加“分类训练”模块到面板中

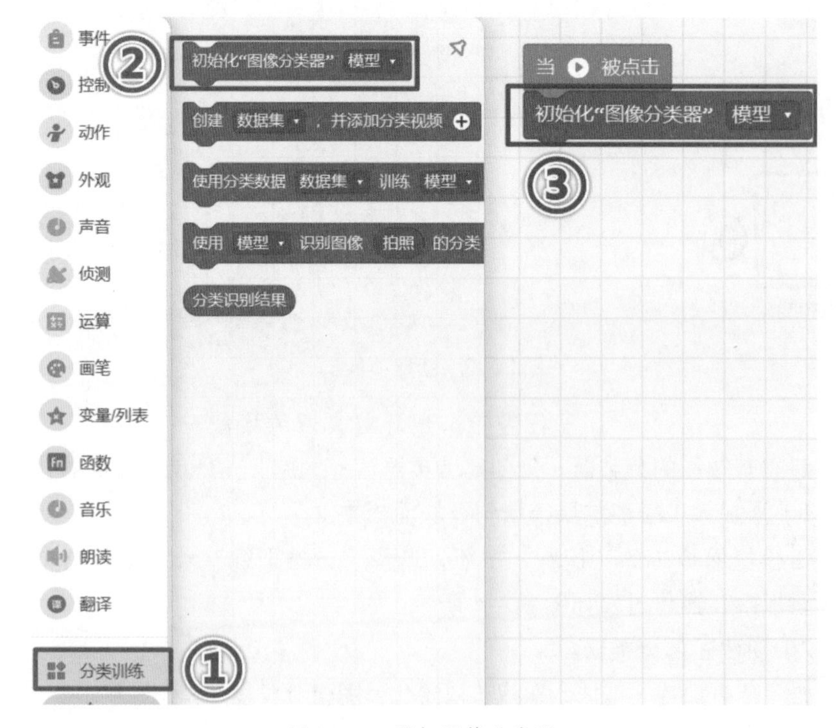


图 20–5 添加图像分类器

（3）创建图像分类器的模型。

点击“初始化‘图像分类器’模型”下拉列表，并创建新模型，如图 20-6 所示。创建结果如图 20-7 所示。

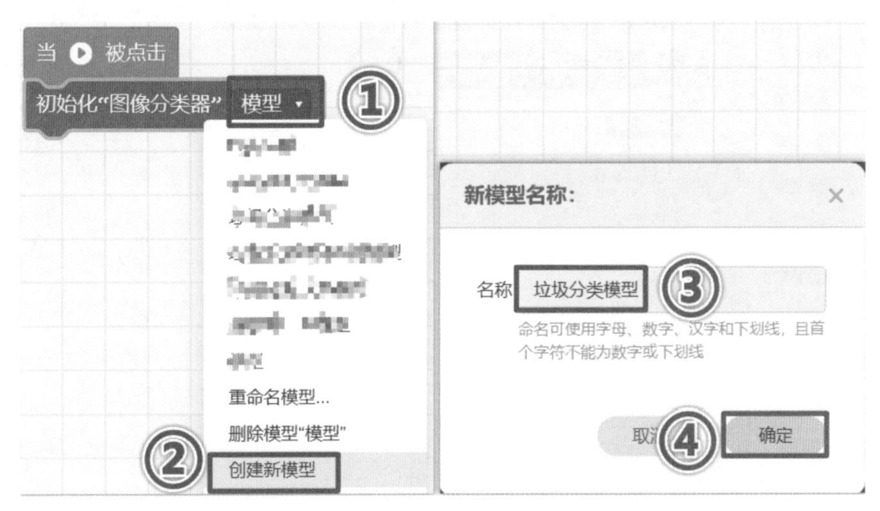


图 20-6 创建模型

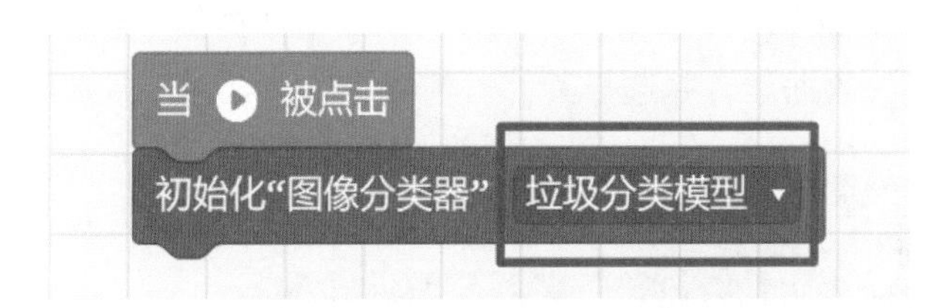


图 20-7 图像分类器模型创建的结果

## 子任务五：创建模型的训练数据集

创建完“垃圾分类模型”后，我们要为其准备训练（学习）素材，即创建模型的训练数据集。

（1）硬件条件要求：因为垃圾分类是通过识别图片来进行的，所以计算机必须自带摄像头或外接摄像头。

（2）创建数据集：本任务创建的数据集的类别有“可回收垃圾”“厨余垃圾”“有害垃圾”“其他垃圾”。我们尝试用“废纸团”作为“可回收垃圾”训练数据，用“菜叶”作为“厨余垃圾”训练数据，用“电池”作为“有害垃圾”训练数据，用“石头”作为其他垃圾训练数据。添加数据集积木步骤如图 20-8 所示。

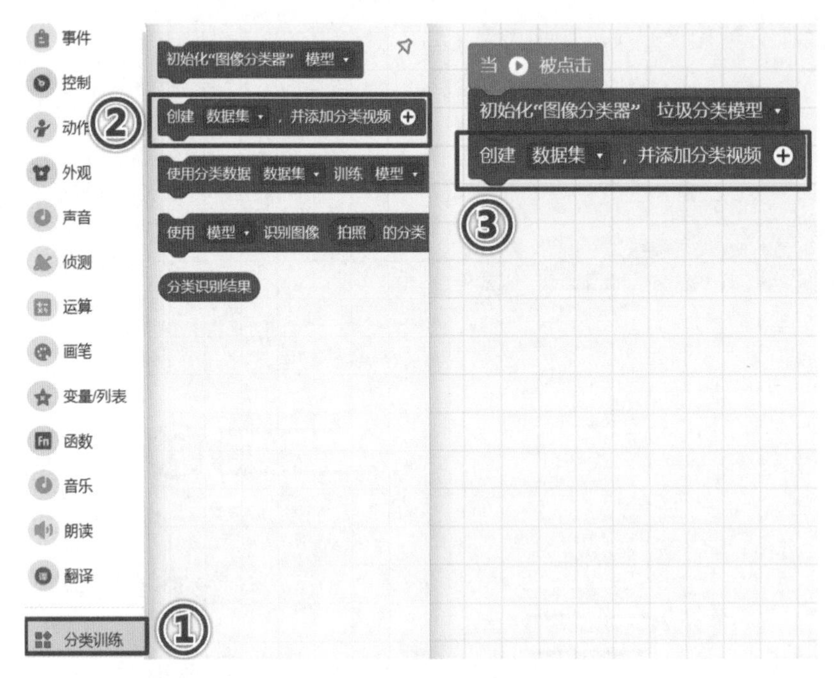


图 20-8　添加数据集积木

（3）点击“数据集”下拉列表，选择“创建新数据集”选项，创建名为“垃圾分类训练集”的数据集，并选择其为当前数据集，如图 20-9 所示。

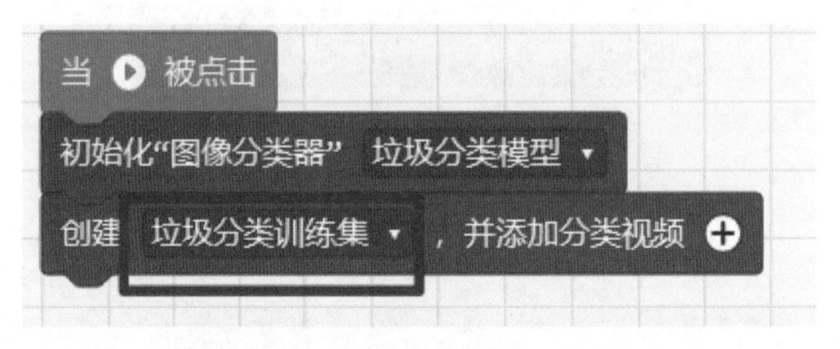


图 20-9　新建“垃圾分类训练集”

（4）给数据集添加分类视频。

点击数据集积木的“并添加分类视频”旁的“+”按钮，添加一个新分类名称，如图 20-10 所示。

在图 20-10 中，名称设置为“可回收垃圾”，点击“确定”按钮，拍摄和上传“可回收垃圾”类的视频，如图 20-11 所示。拍摄过程，最好移动镜头以拍摄目标的各个角度。

用同样的方法添加“厨余垃圾”“有害垃圾”“其他垃圾”，最终结果如图 20-12 所示。

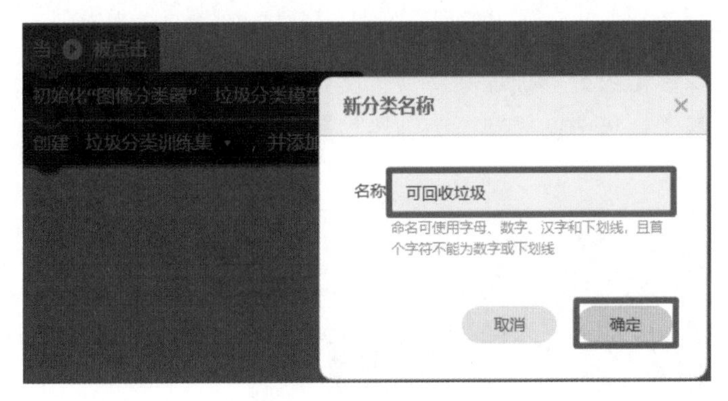


图 20-10　添加新分类

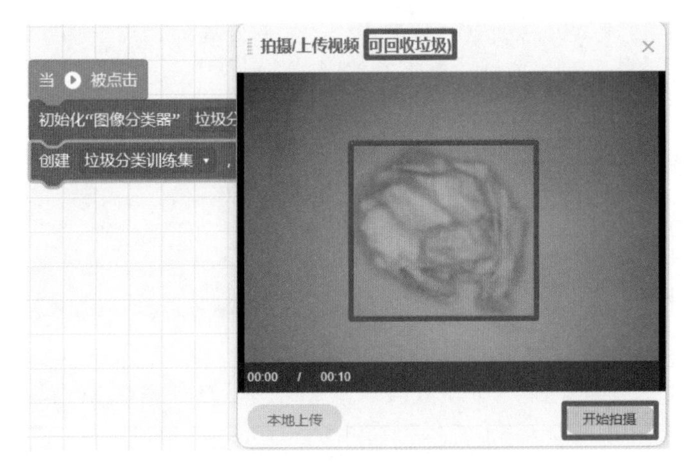


图 20-11　拍摄和上传“可回收垃圾”类别的视频

图 20-12　垃圾分类训练集的最终结果

提示：学生自行上网查找垃圾分类的标准，对每种类别垃圾，尝试寻找不同的垃圾来拍摄视频并上传，构建不同的训练集。

## 子任务六：训练模型

子任务四创建了模型，子任务五准备了素材（数据集），下面用数据集去训练模型，让模型学会垃圾分类。

（1）添加分类训练模块中的“使用分类数据（×××）训练（×××）”

积木到程序末尾。

（2）选择“垃圾分类训练集”为分类数据。

（3）选择“垃圾分类模型”为训练模型，结果如图 20–13 所示。

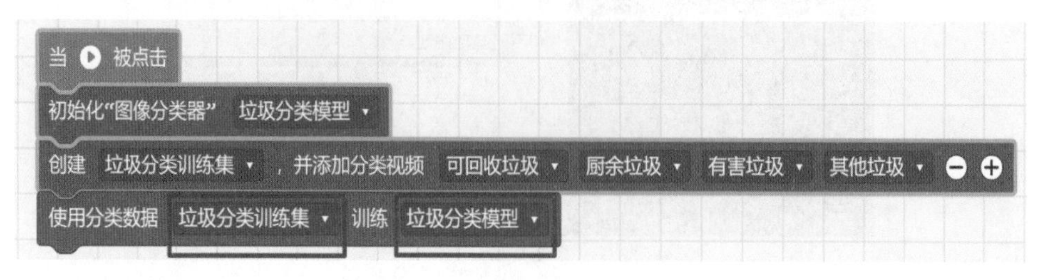


图 20–13 用数据集训练模型

（4）运行程序可以看到学习的效果，学习的准确率和损失如图 20–14 所示。

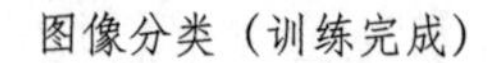


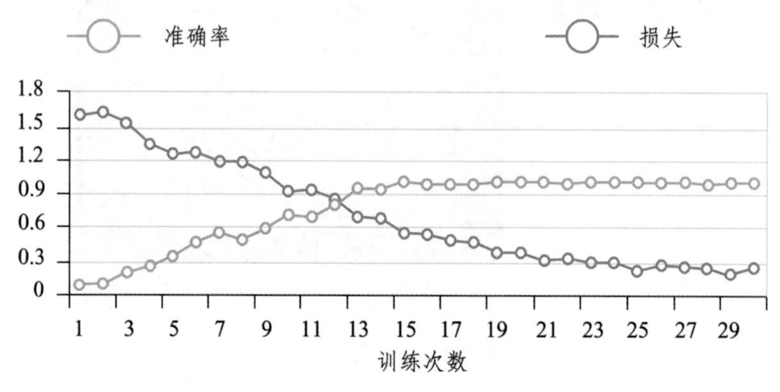


图 20–14 学习的准确率和损失效果

（5）图 20–14 所示内容就像我们学习知识后，做测试题统计出答题的准确率。准确率越高，损失越低，模型训练的效果越好。

（6）学生可以相互比较自己的训练结果，结果不同时，尝试分析原因。如果准确率很低，老师应指导重新构建训练集。

## 子任务七：利用模型对垃圾进行分类

模型训练完成后，就可以对垃圾进行分类了。

（1）添加分类训练模块中的“使用（×××）识别图像拍照的分类”的积木到程序末尾，并将“垃圾分类模型”设置为当前模型，程序如图 20–15 所示。

（2）运行程序进行识别，结果如图 20–16 所示。

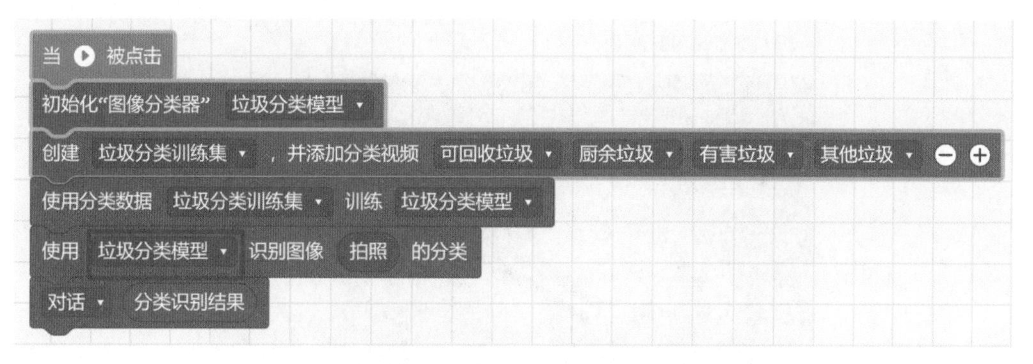


图 20-15　使用模型对拍照的垃圾图片进行分类

（a）对石头进行识别和分类

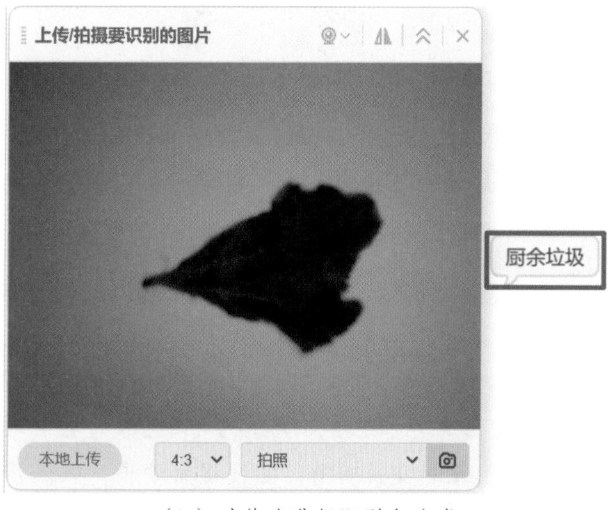


（b）对菜叶进行识别和分类

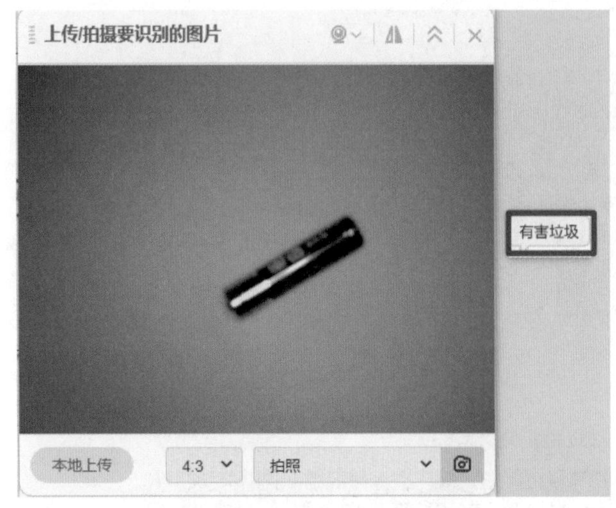


（c）对电池进行识别和分类

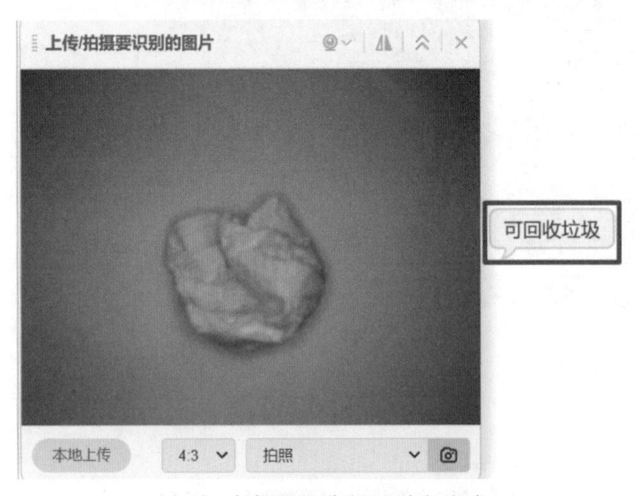


（d）对废纸团进行识别和分类

图 20–16　运用模型对垃圾进行识别和分类

（3）组间交叉进行垃圾分类比赛，如果出现不能正确分类的情况，请学生尝试分析原因。

子任务八：根据垃圾分类结果，控制相应垃圾桶打开并接收垃圾

（1）界面设计。

① 背景设计：参考背景如图 20–17 所示，学生也可以自行设计。

② 角色设计：设计四个垃圾桶角色，分别为“可回收垃圾”“厨余垃圾”“有害垃圾”“其他垃圾”。每个垃圾桶角色都设置有动画，以表示该角色打开。界面及角色如图 20–17 所示。

图 20-17　智能垃圾分类系统界面

（2）根据垃圾分类的结果，发送广播信息，控制对应角色打开垃圾桶盖，接收垃圾。

① 发出广播信息：循环识别摄像头拍下的图片，并将识别结果通过广播发送给其他角色，直到按下“Q”键退出，程序如图 20-18 所示。

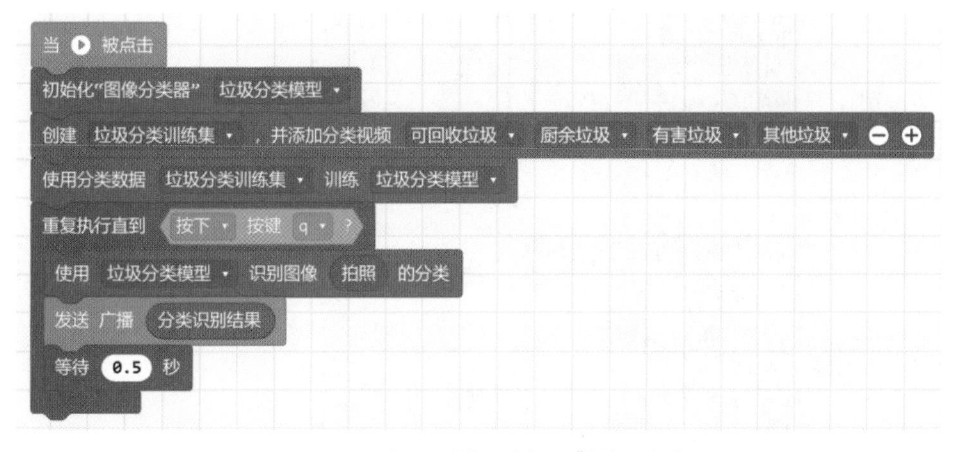


图 20-18　将识别结果广播给其他的角色

② 角色接收信息：

a. 在“可回收垃圾桶”角色上编程，如果接收的信息是“可回收垃圾”，则启动可回收垃圾桶的打开桶盖动画，如图 20-19 所示。

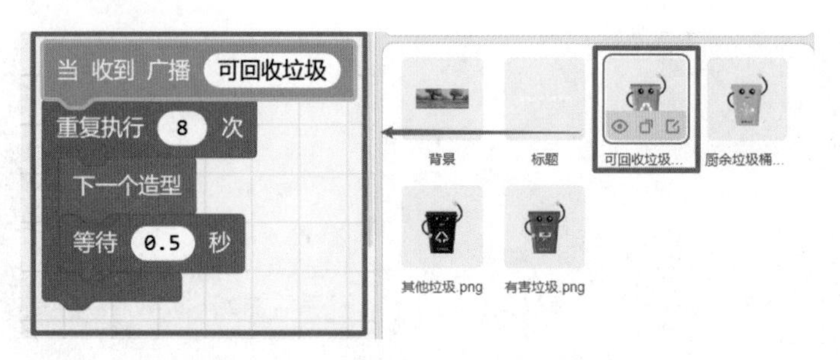


图 20-19　可回收垃圾桶角色的程序

b. 同理，其他的角色程序如图 20-20 所示。

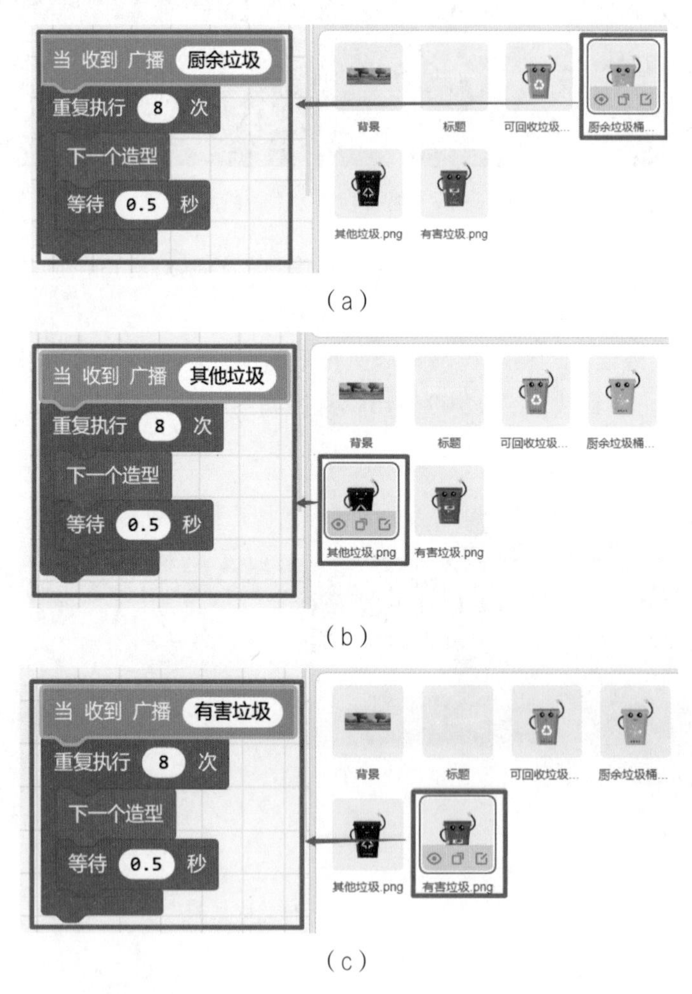


（a）

（b）

（c）

图 20-20　其余各垃圾桶角色的程序

（3）测试智能垃圾分类系统。

① 测试可回收垃圾，效果如图 20-21 所示。

图 20-21　识别可回收垃圾

② 测试厨余垃圾，效果如图 20-22 所示。

图 20-22　识别厨余垃圾

③ 测试其他垃圾，效果如图 20-23 所示。

图 20-23　识别其他垃圾

④ 测试有害垃圾，效果如图 20-24 所示。

图 20-24　识别有害垃圾

经过测试，系统运行良好，解决了羊村垃圾分类问题。

（4）各组演示作品，当出现垃圾投放不正确时，尝试解释原因。

## 三、知识拓展，合作创新

（1）学生思考：如何让系统更智能、识别更多的垃圾？应该找来更多的垃圾数据，构建更完备的训练集，并通过大量的训练，让人工智能模型能识别更多类型的垃圾，使整个系统也更智能。

（2）小组合作探究，设计一个基于人脸识别的智能门锁系统。使用人脸替换垃圾，进行识别和分类。要求：如是主人，自动打开门锁，否则不打开门锁。

## 四、展示学生作品

（1）学生推选组内优秀作品展示。

（2）教师对作品进行点评。

## 五、课堂小结

我们通过设计一个智能垃圾分类系统，解决羊村垃圾分类难题。本任务中我们学会了人工智能的设计步骤为创建模型、创建训练集、训练模型、应用模型；掌握了“分类训练”模块创建人工智能任务的方法；理解人工智能要有一个模型，并且必须通过学习才具有智能。最后，我们从人工智能得到启发，如果想让自己变聪明、能耐大，必须努力学习各种知识。

# 参考文献

[1] 聂婷．小学信息技术“图形化编程”学习活动设计及实践研究[D]. 呼和浩特：内蒙古师范大学,2022.

[2] 吴洁怡．基于图形化编程培养小学生创造性思维的教学策略研究[D]. 广州：广州大学,2022.

[3] 朱丹丹．指向计算思维培养的小学编程课程教学模式研究[D]. 芜湖：安徽师范大学,2022.

[4] 李露．设计思维模型支持的小学图形化编程学习活动设计与实践[D]. 上海市：华东师范大学,2022.

[5] 项力雅．基于体验学习圈的小学图形化编程教学设计与实证研究[D]. 天津：天津大学,2022.

[6] 王昂昂．基于探究式教学法的小学生计算思维培养研究[D]. 金华：浙江师范大学,2023.

[7] 丛宇．基于趣味编程课程的小学生计算思维培养研究[D]. 兰州：西北师范大学,2023.